全国"十三五"规划精品教材

U0652437

室内设计手绘效果图表现技法

主 编 奚思聪 汤桂芳

副主编 朱 锐 文志勇 托 娅
陈 驰 韩丽萍 曾 涛

SHINEISHEJI SHOUHUI
XIAOGUOTU BIAOXIAN JIFA

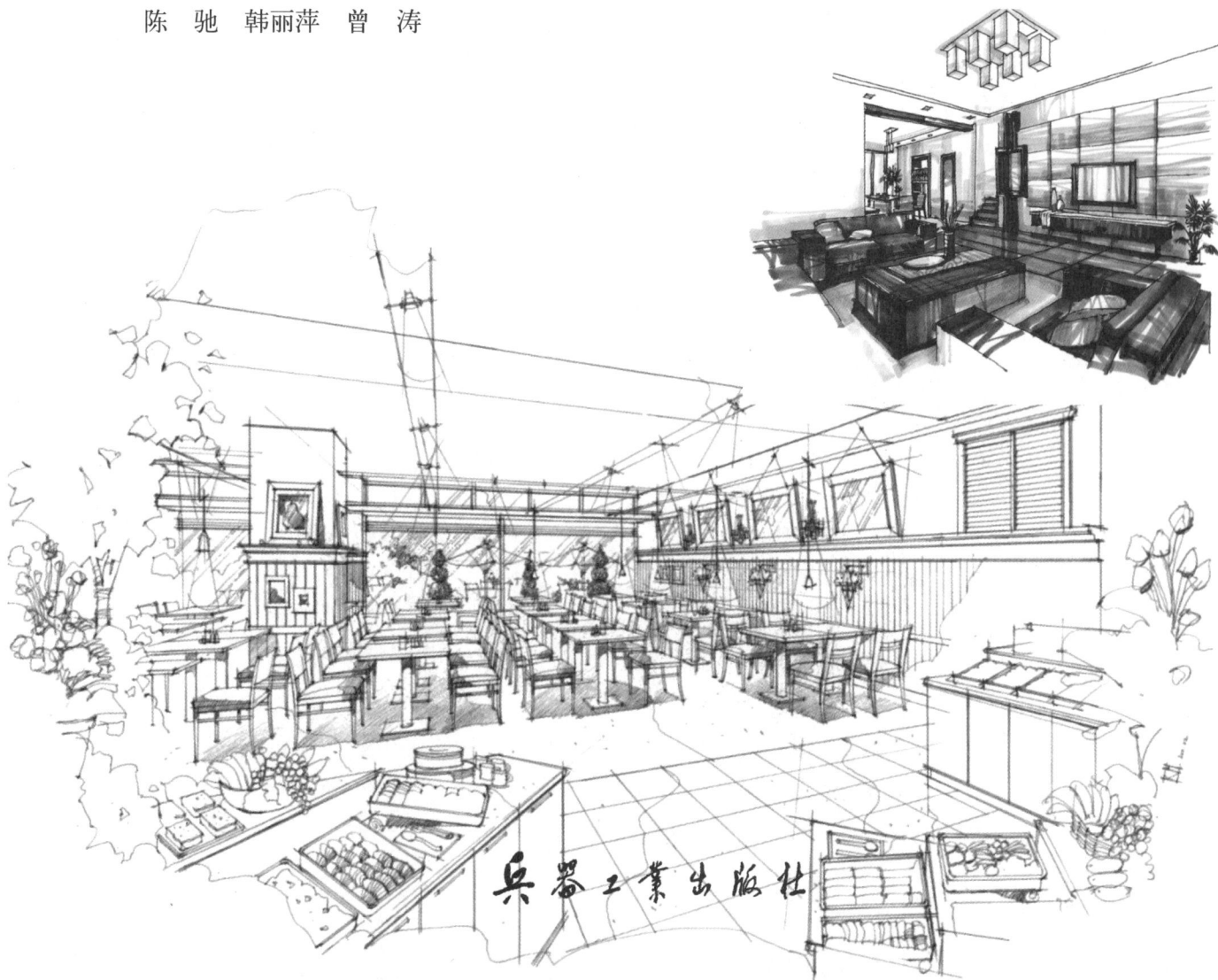

兵器工业出版社

内 容 简 介

本书基于作者的日常教学实践与设计实践经验编写而成，内容由浅入深，作品案例丰富。在室内陈设及配景、室内手绘效果图的基本表现技法、室内空间与陈设表现实例几个主要章节中，系统、具体地讲解了各种素材的画法，并且从效果图的线稿开始到设计完成，逐步分析着色的手法、步骤。

图书在版编目(CIP)数据

室内设计手绘效果图表现技法/奚思聪，汤桂芳主编.—北京：兵器工业出版社，2012.6

ISBN 978-7-80248-739-0

Ⅰ.①室…　Ⅱ.①奚…　②汤…　Ⅲ.①室内装饰设计－建筑构图　Ⅳ.①TU204

中国版本图书馆CIP数据核字(2012)第083869号

出版发行：兵器工业出版社	责任编辑：林利红
发行电话：010-68962596 68962591	封面设计：唐韵设计
邮　　编：100089	责任校对：郭　芳
社　　址：北京市海淀区车道沟10号	责任印制：王京华
经　　销：各地新华书店	开　　本：889×1194　1/16
印　　刷：北京市全海印刷厂	印　　张：7.75
版　　次：2022年3月第2版第1次印刷	字　　数：194千字
	定　　价：46.00元

前言

　　室内手绘效果图是设计者以绘画的形式代替语言进行表达、交流，是从事建筑设计、环境艺术设计与视觉传达设计等专业人员表达设计意图的重要手段。它是与客户沟通的重要桥梁，对理解和表达设计思想有很重要的作用。

　　本书基于作者的日常教学实践与设计实践经验编写而成，内容由浅入深，作品案例丰富。根据专业教学大纲的要求编写，内容包括七个部分：第一章 概述，主要概括室内手绘效果图的含义、作用与原则，分别介绍手绘效果图的工具；第二章室内手绘效果图表现基础，主要讲解手绘效果图与绘画基础的关系，手绘效果图的前期练习、应具备的基本能力，透视的相关知识和透视类型的表现；第三章、第四章和第五章是本书的重点，在室内陈设及配景表现、室内手绘效果图的基本表现技法、室内手绘效果图的表现实例几个主要章节中，系统、具体地讲解了各种素材的画法，不同工具材料的表现方法，并且从效果图的线稿开始到设计完成，逐步分析着色的手法、步骤；第六章 作品欣赏，列举手绘效果图的各种案例，供学习者参考。

　　由于时间有限，本书难免会有一些不足之处，还望读者批评指正，给予宝贵意见！

　　本书引用的部分图片未能一一联系到作者，在此谨表衷心感谢！如有涉及版权事宜，请与本书编者联系，电话：010-83294763。

编者

目录
CONTENTS

CHAPTER 1

第一章

第一章

概述
GAISHU

第一节

室内手绘效果图的含义、作用与原则

一、室内手绘效果图的含义

室内设计手绘效果图是设计者以绘画的形式代替语言进行表达、交流，是从事建筑设计、环境艺术设计与视觉传达设计等专业人员表达设计意图的重要手段。它是与客户沟通的重要桥梁，对理解和表达设计思想有很重要的作用。手绘效果图最初的表现形式是画家或工匠的设计草图，这些为使用者绘制的建筑或室内装饰的方案图给施工者提供了明确的要求。由于是具有绘画专业水平的设计师所作，所以这些图除了具有叙述性功能，还兼具较强的观赏性。手绘效果图作为一种传统的表现手段，在建筑学发展史上是把设计与表现融为一体。随着科学技术的发展，效果图表现的工具也发生了很大的改变。国内早期的效果图主要以水粉、水彩材料为主，辅助以气泵、喷笔、模板等工具来完成。在计算机图像处理软件不断发展的今天，设计表现的能力和效率得到了非常大的提升。手绘效果图以其强烈的艺术感染力，保持着自己独特的地位，向人们传达着设计思想、设计理念以及设计情感，作为一种传统的表现手段一直沿用至今。手绘效果图也有人称其为设计表现，这从一个侧面也反映了它的发展与演变。

二、室内手绘效果图的作用

手绘作为传递设计"语言"的一种方法，越来越受到重视。它是设计师的设计理念由抽象向具象推进、逐渐清晰的过程，并在这一过程中及时有效地与客户沟通完善的手段，它是设计这一过程的总结和表述；是设计过程中具有说服力的"语言"工具。但凡独立的艺术表现形式都具有自己的艺术要求，如音乐、摄影等；都要通过技术和材料去完善和实现，因此我们要了解和学习这一"语言"工具。手绘效果图在表现形式、色彩应用、风格设计方面，能灵活、多样地表现个性化的设计风格，之中存在较多主观性、随意性的表达，这些都是计算机设计效果图目前所无法媲美的（见图1-1、图1-2）。手绘表现技法可以充分展示设计师的才能和艺术修养，它是设计师设计创意的基本功之一。

图1-1

图1-2

在人们注重和完善自身生活环境素质提高的同时适应城市快节奏的发展，它需要的是精细的分工、各自发挥所长的就业模式。近十年，计算机及软件的成熟孕育了一批计算机绘图技术人员，很多人认为会电脑效果图就会设计，从某种意义上说他们的工作是对设计师创造性工作的再创造。在今天日益发达的计算机效果图面前，手绘能够更直接、迅速、及时地完成客户同设计师的沟通。它通过设计师之手，能直接形成设计理念与形式之间的对话，能准确表达设计师的设计思维，并形成可视"语言"表达出来，同时贯穿于设计方案的整个过程，这是整个设计活动的重要环节。要做好设计师，首先还要从手绘开始，它是衡量设计师综合素质的重要指标，同时对大学生学习和就业都具有很大的影响。在教学活动中，全面提升学生设计表现的手绘能力，不仅对于他们掌握手绘表现效果图技法具有促进作用，而且对其在今后的设计实践中，不断加强和完善设计方案的能力也具有十分重要的意义。

三、室内手绘效果图的原则

优秀的室内设计手绘作品，可以表达出设计者的设计意图；可以非常有条理地表现和再现设计对象，使观者领略和感受到画面及画面表达的物象，以及独特而高雅的艺术气息。就室内设计表现效果图本身而言，无论是从画面效果还是从设计的角度看，都要尽量做到概括、统一。不管室内设计表现效果图运用什么技法，都要遵循一定的原则，那就是真实性、科学性、艺术性的结合、统一原则。

1. 真实性——空间、材料、造型的限定

室内表现图的效果必须符合设计环境的客观现实，因为设计项目的决策者都要从效果图上领会设计构思和施工效果。设计师不能为了追求画面效果而脱离真实尺寸，随心所欲地改变真实空间的限度或者背离客观的设计内容。

2. 科学性——透视、比例、作画程序的规范

室内设计手绘效果图要强调其科学性。科学性既是一种态度，也是一种方法。它要求绘制者要用科学的态度对待此项工作，以科学的程序与方法来保证工作的顺利进行。室内设计表现效果图首先要有准确性，这就要求空间结构相吻合，尺度把握准确（见图1-3)，材料的本色和质感体现充分，从而让观赏者对设计有系统的认识。其次要避免主观随意性，不可过于情感化地进行"写意"式创作等。设计表现则必须遵循科学性，对空间的结构和图中每一个元素的存在都要做到切合实际。再次要注重效果图绘制程序的科学性，如先画出透视稿，然后进行整体上色，从暗部色调开始到重点刻画。这些程序与方法是基于前人实践经验的总结，它是确保效果图绘制成功的关键。

3. 艺术性——画面艺术效果的达成

既然是效果图，就必然要注重画面艺术性的表现与艺术效果的达成。室内设计表现效果图在运用绘画语言表达时，不可能脱离造型艺术的一些基本规律（见图1-4)。在室内设计表现效果图绘制中，确定构图取点、色调和空间表现气氛，表现光感和质感，适度夸张、概括取舍这些艺术手法无疑对最终室内设计表现效果图感染力起着至关重要的作用。因此，应提倡在室内设计表现效果图中体现出设计者不同的设计风格以及不同的表现手法，使效果图变得精彩纷呈。

图1-3

图1-4

第二节

手绘效果图的工具介绍

在手绘表现效果图的绘制过程中，优良的工具与材料对效果图表现起着至关重要的作用。为了完成高质量的手绘效果图，就要求熟悉不同的工具材料并在使用时利用其达到不同的表现效果。手绘表现效果图的传统工具主要以水粉、水彩材料为主，辅助以直线笔（鸭嘴笔）、勾线笔、刀具、胶带纸、胶水、电吹风、气泵、喷笔、模板等工具来完成。优点是色彩丰富、完整，表现力强，可修改和调和使用。缺点是占地面积大，携带不方便。现在大多数设计师采用的是徒手快速效果图表现形式，主要工具为钢笔、中性笔、彩色铅笔、马克笔、水彩等（见图1-5）。本节就主要工具的特点作简单介绍。

图1-5

主要工具介绍

一、笔类

1. 铅笔

铅笔常用的型号有 2H、H、HB、B、2B 等（见图 1-6）。使用铅笔绘制草图，画面显得轻松、随意，线条流畅。铅笔使用起来方便，便于涂擦修改。

图1-6

2. 钢笔

钢笔笔头坚硬，所绘线条刚直有力，是徒手快速表现的首选工具。钢笔有普通钢笔和美工钢笔两种（见图 1-7）。普通钢笔画的线条粗细均匀、挺直舒展；美工钢笔画的线条粗细变化丰富，线面结合，立体感强。两种钢笔各有特点，可以配合在一起使用。要求手感舒适、运笔流畅即可。

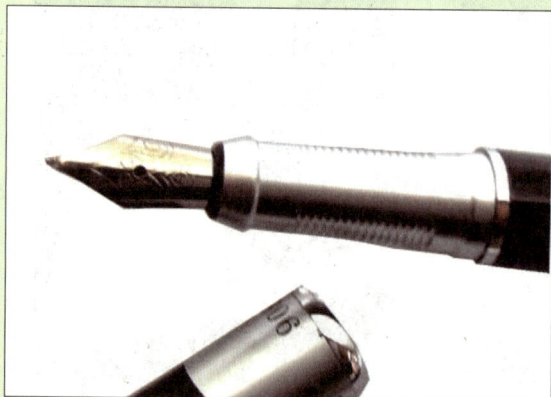

图1-7

3. 针管笔

有金属针管笔和一次性针管笔两种（见图 1-8），有 0.1、0.2、0.3、0.4、0.5、0.6、0.7 等不同型号。可根据不同的绘制要求选择不同型号的针管笔，其绘制的线条流畅细腻、细致耐看。

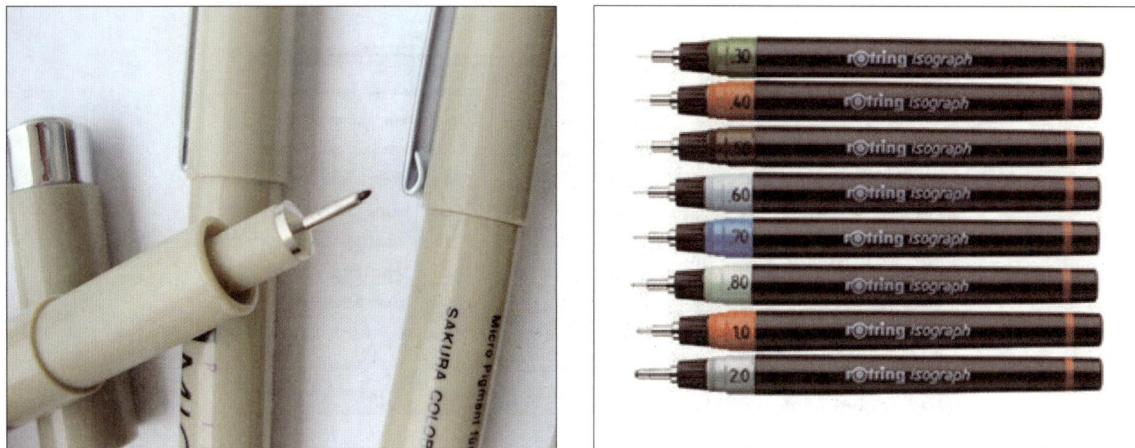

图1-8

4. 彩色铅笔

彩色铅笔有水溶性和蜡性两种（见图 1-9）。其色彩丰富、笔触细腻，可表现较细密的质感和较精细的画面。主要配合马克笔用于大面积渲染和局部调整，表现色阶和冷暖过渡。可选择水溶性的用于结合水来使用。彩色铅笔和粉笔的颜色一般有 12 色、24 色、36 色等，可根据自己的喜好而定。

图1-9

5. 色粉笔

色粉笔颜色种类很多（见图 1-10），性能类似普通粉笔，但其粉质细腻、使用方便、易修改。在手绘效果图当中使用的不是很多，一般用于小面积的渲染和过渡，如地面倒影、天花板、局部灯光效果。但是不宜在大幅效果图中大面积使用。

图1-10

6. 马克笔

主要的色彩工具，有水性和油性两类，且品牌较多（见图 1-11）。油性马克笔色彩干得快、耐水，而且具有很好的耐光性。它不像水粉、水彩可以覆盖修改。水性马克笔色彩亮丽，且透明度好。马克笔的色彩较为丰富，建议在挑选时多选购中性的颜色，如灰色、中色系颜色。同时由浅到深的颜色也要有，用于色彩的过渡。一般选购 30 ～ 40 只可供使用。水性马克笔不如油性马克笔色彩稳定。马克笔不同于水粉、水彩颜色，不可以修改和调和使用，色彩比较固定，因此使用时对于用笔和颜色要做到提前计划，心中有数，落笔要干净、准确，不可犹豫。

图1-11

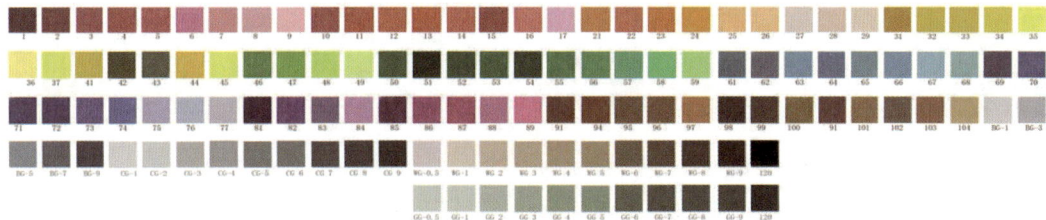

7. 喷笔

喷笔（见图 1-12）的最大特点是细腻逼真、精美翔实，但其操作过程较为繁复，技术要求高，作画用时较长。所以，目前一般只在有特殊要求时才采用喷绘这一表现技法。

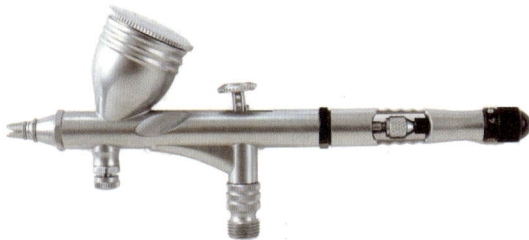

图1-12

二、纸张

纸张——主要有复印纸、硫酸纸，也可尝试使用其他类型纸张（见图 1-13）。应结合上色的要求选取不同类型的纸张，如铜版纸、有色纸、水粉纸、水彩纸、纸板以及特种纸张，可尝试不同的效果。

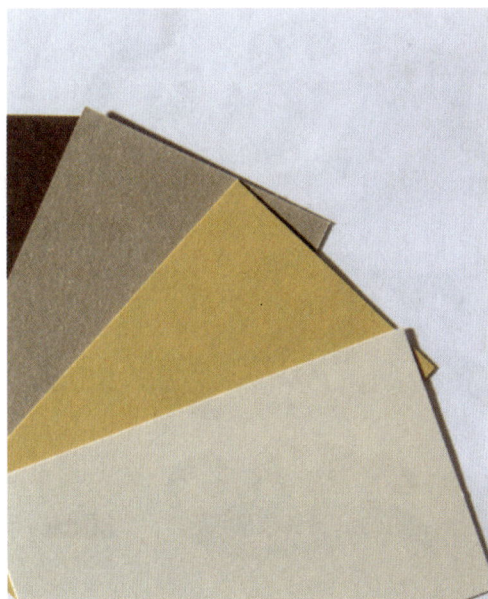

图1-13

三、颜料

1. 水彩颜料

水彩是一种透明的水溶性颜料，是通过颜料中的水分来调整颜色的深浅及纯度。依靠水分来控制颜色的薄厚、浓淡，调配方便，但覆盖力差。水彩除了可以像水粉色那样相互混合调出各种颜色之外，主要是运用叠色的方法来产生丰富的色彩变化，但不宜反复修改。水彩的效果明快、淡雅、韵味独特。

2. 水粉颜料

也叫水粉色、广告色，主要有管装和瓶装两种。水粉颜料调配方便、覆盖力强、可薄可厚、可干可湿，既能大面积平涂，又可以进行细致描绘，修改容易，所以是图案绘制最基本、最普遍使用的颜料。水粉颜料保持适当的干湿度很重要，颜料太稀不容易涂匀，覆盖力及饱和度都较差；太干又会使毛笔滞住，不容易画得平整、工细。

四、其他工具

1. 尺

尺主要有比例尺、丁字尺、三角尺、蛇形尺、曲线板及各种模板等（见图1-14、图1-15）。

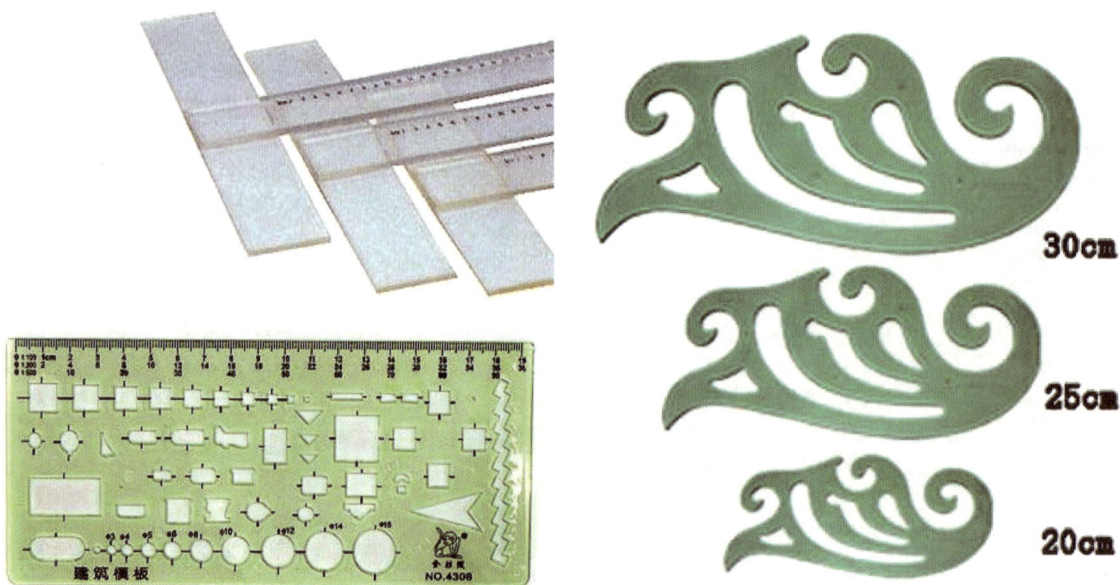

30cm

25cm

20cm

图1-14

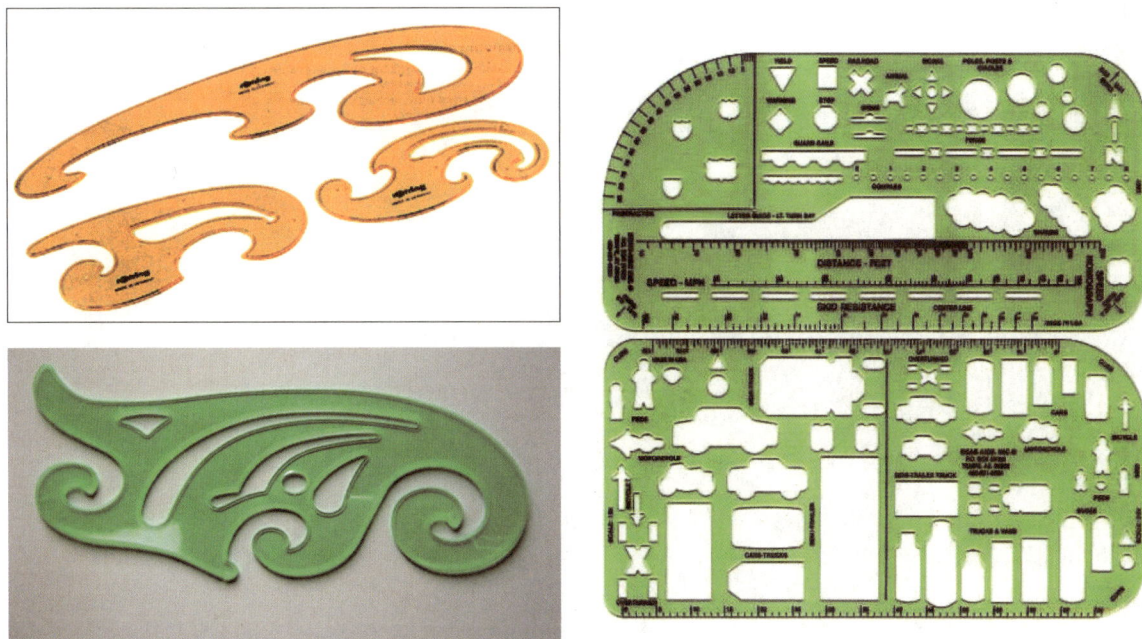

图1-15

2. 辅助工具

调色盒、吸水海绵、胶带（裱纸用）、涂改液、橡皮、刀具等（见图 1-16）。

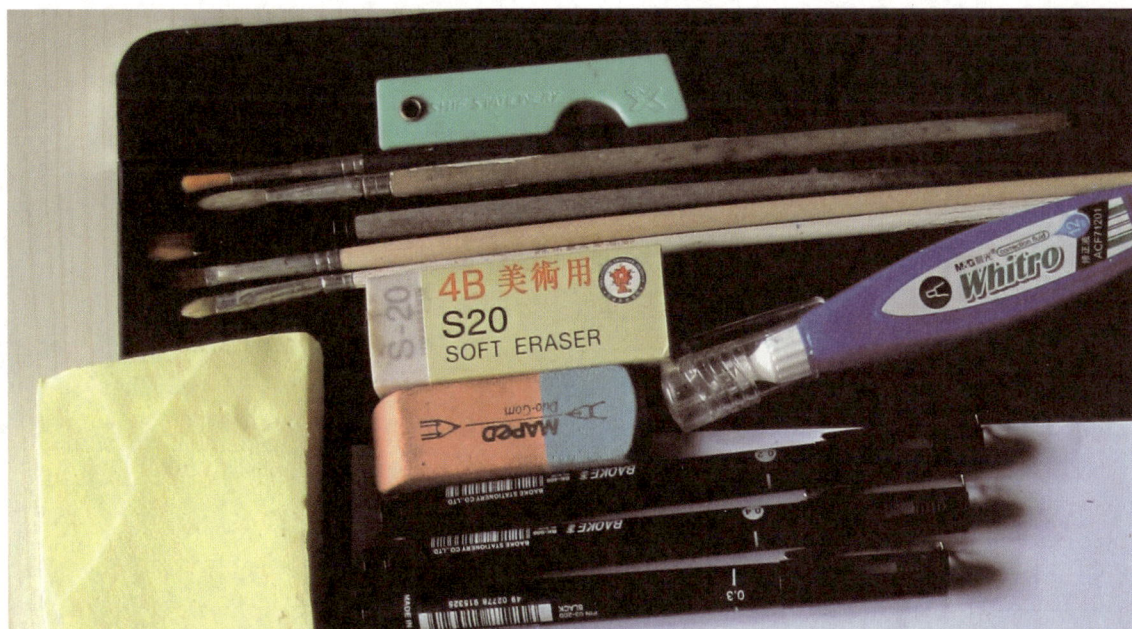

图1-16

CHAPTER2

第二章

第二章

室内手绘
效果图表现基础

SHINEI SHOUHUI
XIAOGUOTU BIAOXIANJICHU

第一节

手绘效果图与绘画基础的关系

手绘效果图，不是仅仅靠用笔技巧就可以诠释完整的，它需要设计师具备全面、良好的素质，通过长久的基础训练，才能使设计作品具备一定的艺术感染力，这样才能更好地展现设计方案内容。

一、构图

构图是"经营位置"的体现。艺术家为了表现作品的主题思想和美感效果，在一定的空间安排和处理人、物的关系和位置，把个别或局部的形象组成艺术的整体。在中国传统绘画中称为"章法"或"布局"。就是把各部分组成、结合、配置并加以整理，形成一个艺术性较高的画面。

研究构图的目的，就是研究将许多设计因素，结成一个特定的各种因素既配合又对抗、有变化又和谐的稳固结构画面体。研究在平面上处理好三维空间——高、宽、深之间的关系，以突出主题，增强艺术的感染力。从实际而言，手绘效果图的构图相对比较简单，画面安排要合理、适当。画面所占大小要适当，画面面积太大就使画面太堵、太挤，使观者觉得没有空间感。相反，画面面积过小，又使画面感觉太空。其次，所画

的对象占据画面面积要适当，使画面构图饱满，主体突出、均衡，有空间感（见图2-1）。构图形式的合理运用，是效果图体现艺术美的途径之一，因此，对画面的形式进行整体的构思，并选择适合的透视形式及表现角度等，就成为设计手绘表达的重要步骤之一。

图2-1

● **注意**

在设计方案时，画面表现主题确立后，如何表现，怎样取舍，是个技巧问题，而技巧正是整个构思的组成部分。结合各种变化，对比取舍，不断寻求一种最理想的表达方法，这就是构图。

无论怎样的构图形式，构图的基本原则讲究的是：均衡与对称。均衡与对称是构图的基础，主要作用是使画面具有稳定性。均衡与对称本不是一个概念，但两者具有内在的同一性——稳定。稳定感是人类在长期观察自然中形成的一种视觉习惯和审美观念。作为初学者，要注意去把握物象的基本型，也就是某一物象呈现给我们的总的趋势，也有人称为"趋势归纳"，这样可以排除局部细节对整体构图的干扰。

二、形体表现

"人的视觉绝不是一种被动的接受活动，外部世界的形象也不是像照相机那样简单地印在忠实接受的感受器上。相反，我们总是在想要获取某件事物时才真正去观看某件事物。一旦发现事物之后，就触动它，捕捉它们，扫描它们的表面，寻找它们的边界，探究它们的质地。因此，视觉是一种积极的活动"——阿恩海姆《艺术与视觉》。这里他对形体的观察方式给予了两个层面的描述。一是我们人类通过看来识别物体，确立物体的属性，这是人类认知的初级阶段；二是人类的艺术活动及对形体的观察活动是一种创造性的活动，是一种积极的、有选择的、主动的观察活动。绘画是排除以物体的功能属性去看待形状，或是只从物体边界来确立物体的形体及形状，感受整体面貌和感悟物体的精神。

学习设计专业的人，对于物体形体上的认识应当完成意识上的转变，把自然界中的无序形态或者人造形态还原为组成它的几何要素。换句话说，我们对于那些难以把握的复杂形体，可以以简单的几何形体的组合来理解和把握它（见图2-2）。所以，手绘效果图的形体表现则偏重表现对象结构和分析对象组合、要素的关系，并较好、

快速、准确地表现对象的形体特征、空间层次、形体尺寸、色彩关系等。并能正确地由二维图形空间转化为三维图形空间，绘制成手绘表达。

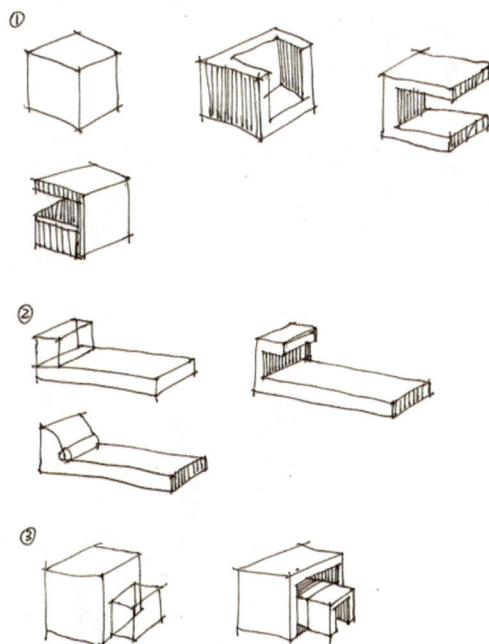

图2-2

三、 色彩的应用

色彩学是一个庞大的理论体系，是绘画语言的一个关键要素，不可能在短时间内就能掌握，因此，我们把色彩学在绘画中具有指导性的原则提供给学生。色彩的运用在表现技法中十分重要，运用良好的色彩绘制出的效果图不仅能准确表达室内色调，而且还能给人创造出不同的心理感受。

1. 色彩冷暖的运用

色彩冷暖是一个相对概念。要树立辩证地看待问题的观念，了解相对性。如红黄色系颜色肯定比蓝绿色系颜色暖，同色系颜色也有冷暖关系，遇到比它暖的颜色，它就是冷色，反之，就是暖色。我们许多同学知道绝对冷暖关系，而不明白相对冷暖关系的概念。室内设计中可以通过冷暖色的运用，反映室内的氛围。同样通过冷暖色的色彩心理效应，还可达到调节室内空间大小的作用（见图2-3、图2-4）。

图2-3

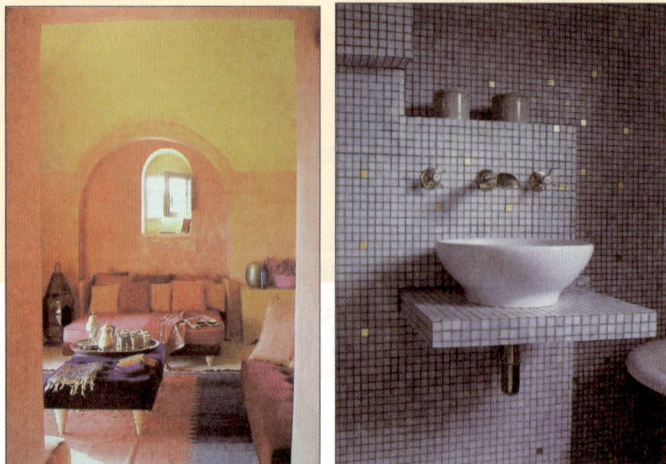

图2-4

2. 色彩明度的运用

明度是指色彩的明亮程度，由于色彩反射光量的区别而产生颜色的明暗强弱。专业理论术语称之为每一个色相的亮度值。色彩的明度：一是同一色相不同明度，如同一颜色在强光照射下显得明亮，在弱光照射下显得较灰暗、模糊；同一颜色加黑或加白，掺和以后也能产生各种不同的明暗层次。二是指不同色彩之间的明度差。每一种纯色都有与其相应的明度。黄色明度最高，蓝紫色明度最低，红、绿色为中间明度。色彩的明度变化往往会影响到纯度，如红色加入黑色以后

明度降低了，同时纯度也降低了；如果红色加白则明度提高了，纯度却降低了。

明度也可以理解为是黑白关系，但比黑白更复杂、更微妙、更难把握。色彩的层次与空间的关系主要依靠色彩的明度对比来表现（见图2-5、图2-6）。只有色相对比而无明度的对比，图形的轮廓形状难以辨别，只有纯度的区别而无明度的对比，图形的光影与体积更难辨别。所以在室内设计中，要突出形态主要依靠明度对比，要让某一形态突出就要它和周边的色彩有较大的明度差别。

图2-5

图2-6

3. 色彩纯度的运用

纯度是指某一颜色的饱和度。是指色彩的纯净程度。含有色彩成分的比例愈大，则色彩的纯度愈高，含有色彩成分的比例愈小，则色彩的纯度也愈低。现实中几乎没有纯粹的颜色，它们都受到环境不同程度的影响。也就是一种颜色加入其他颜色的多少，决定了颜色的纯度。它是色彩关系中独有的概念。

人类的视觉感知习惯上，纯度高的颜色往前跳，纯度底的颜色往后退。明白了这个基本道理，当你需要在绘图中突出某一区域或物体时，就可以将纯度提高来强调，次要的部分可以让它们的颜色纯度低一些、灰一些，可以使物体推远。辩证地看待纯度变化规律，利用色彩的纯度关系原理来营造符合自己设计主题的色彩对比关系（见图2-7、图2-8）。

图2-7

图2-8

4. 互补色彩的运用

　　无论是为了主体物的烘托和气氛的渲染的手绘效果图，还是广告及陈列等，巧妙地运用互补色构成，是提高艺术感染力的重要手段（见图 2-9、图 2-10）。补色平衡是一条色彩构成的基本规律，如果将互补色并列在一起，则互补色的两种颜色对比最为强烈，反之，邻近色正好相反，你中有我、我中有你。互补色的基本规律对色彩艺术实践具有十分重要的指导意义。

图2-9

图2-10

5. 同类色彩的运用

同类色画面为主调使画面色彩出现深浅变化的色调，是极为协调、单纯的色调。既协调又统一，色彩虽单纯但很素雅，又有微妙变化的作用（见图 2-11）。但要注意明度的深浅变化，面积比例安排得当。切不可出现深浅失衡的效果，否则色调会过亮或过暗。效果一般极为协调、柔和，但也容易使画面显得平淡、单调。同类色在运用时应注意追求对比和变化，可加大颜色明度和纯度的对比，使画面丰富起来。

图2-11

第二节

关于线条练习（造型与线）

线条本身并无任何意义，一旦形成了形体就有了生命。一幅成功的建筑速写或表现图，看起来是几笔轻松的勾勒和描绘，殊不知这其中需要大量的训练和感悟来完成。以素描训练为基础，以线的形式来表达，用线的形式表现对象的物理特征。要用理解去画，这样才能让物体有形体、有结构。

黑白钢笔线的表现训练，是主要的方法之一。画一根线条对于会使用钢笔的人来说，是很简单的事，但要达到用线描绘物体"入木三分"，"神"、"型"具备，并非易事。刚开始画线时手比较僵硬，线不够直、不够稳。线条的"直"同尺子画的直线要求不一样，是感觉上的"直"，是大体上的"直"，不是呆板生硬和漂浮的。要注意体会线条的飘逸和稳定，富有韧性和张力（见图2-12、图2-13）。

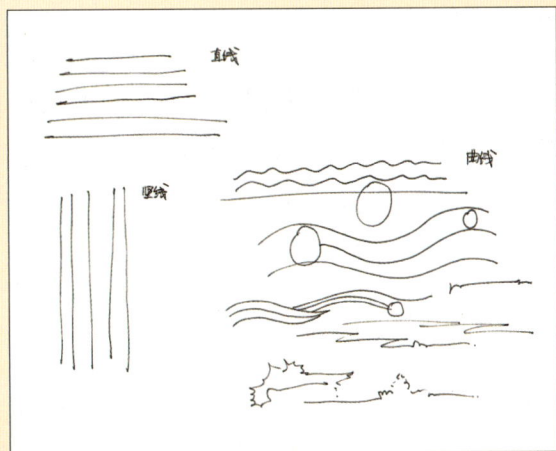

图2-12

图2-13

还要注意其他笔类工具的线条表现，用线条来表现造型和物体的尺度关系。注意画面的层次感。用线表现材质的光滑、粗糙、坚硬、柔软等，在表现的时候要注意加以区分，坚硬的物体用线应尽可能的挺直些；柔软的物体用线应较为圆滑和飘逸（见图2-14）。

图2-14

在自然景物中并不存在线，线是我们对形体的认识和再创造过程，是归纳总结创造出来的，但却是有生命的、有内容的。要体现物体的形体结构以及质感，利用线的疏密轻重节奏来把握画面。

● **注意**

较长的线要做到起落笔看准起始位置，做到胸有成竹，这样才能画出流畅准确的线来。

画弧线时最好用铅笔起稿，画准之后再用钢笔勾出，用线要谨慎，线条才能流畅、自然。

节点练习

1. 线条按一定的规律进行排列产生韵律感。
2. 以线的疏密来反映明暗层次。
3. 以线做有规律的排列形成灰面。

第三节

综合素质训练

一、素描基础训练

　　素描训练能够掌握和理解造型的法则和规律。结合室内外设计的特点，强调表现性，理解、发展和强化客观物体自然特征的形式，是室内外设计专业素描训练的主要内容。另外还应加强对室内装饰物的绘画训练。

二、色彩训练

　　作为室内外装饰的设计者，如果有较好的色彩基本功，对整个画面的表现会大不相同，并且能够从表现入手，强调物与物、物与环境之间的色彩关系。区别与绘画艺术的色彩方法，强调主观色彩，增加表现力。加强色彩归纳与装饰色彩的练习。

三、速写训练

　　主要以钢笔或铅笔为手段表现建筑物及周边环境（见图2-15、图2-16），通过户外写生训练能培养和增强对画面的处理能力和对自然对象的表现能力。

图2-15　　　　　　　　　图2-16

四、空间透视学的训练

　　透视学是各学科的基础科学，正确掌握透视规律，有利于很好地表现空间关系的架构图，这对于室内空间设计的画面效果和空间感的表达非常重要。

五、对社会、文化修养和生活情感的了解与培养

　　设计可以体现作者的文化底蕴，是设计者文化、情感、思想的流露，并将其传递给受众群体。因此对文化修养以及生活情感的培养，对于设计者也是至关重要的。

第四节

透视的相关知识

一、透视的概念

　　"透视"一词源于拉丁文，有"看穿"、"看破"的意思。透视图实际上就是物体投射到人的眼睛的无数光线，在通过平面玻璃板时与玻璃平面相交的无数点连接形成的虚像。此时，如果我们根据所见，将立体的物体描绘在平面的玻璃上，或按照该原理描绘在不透明的纸上，这种将物体呈现在眼中的影像描绘在平面上的方法，称为"透视图法"。本文我们所谈的"透视"是艺术范畴的，属绘画术语。它是将物理学、光学、数学的原理，特别是投影几何学的原理运用到绘画中来的专业技术理论。

　　在日常生活中，我们看到的人和物的形象，有远近、高低、大小、长短等不同，这是由于距离、方位不同在视觉中引起的不同反应，这种现象就是透视。研究透视变化的基本规律和基本画法，以及如何应用于绘画写生和创作的方法就叫做绘画透视学。

二、透视的常用术语

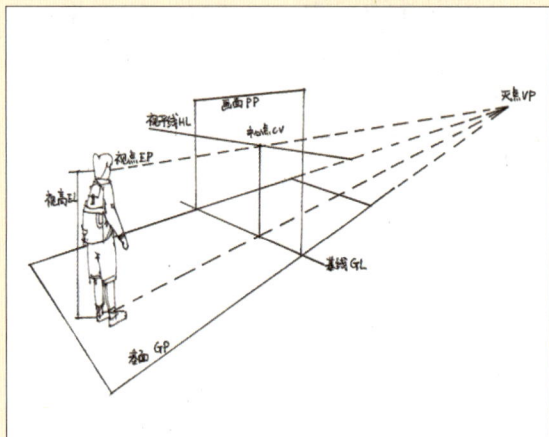

图2-17

　　图中的点、线、面的具体名称及解释如下（见图2-17）：

● 视点（EP）——人眼睛的位置

● 视高（EL）——站立点到视点的高度（脚到眼的高度）

● 视平线（HL）——画面与视平面的交线

● 基面（GP）——放置物体的平面

● 画面（PP）——垂直投影面（绘制透视图所在平面）

● 基线（GL）——画面与基面的交线

● 心点（CV）——视心线与画面的投影交点（一点透视的消失点）

● 灭点（VP）——消失点

三、室内透视图的分类

1. 一点透视

一点透视又称平行透视，室内空间的远处墙面与画面平行，垂直于画面的线交于视平线的消失点上，与中心点重合（见图2-18）。

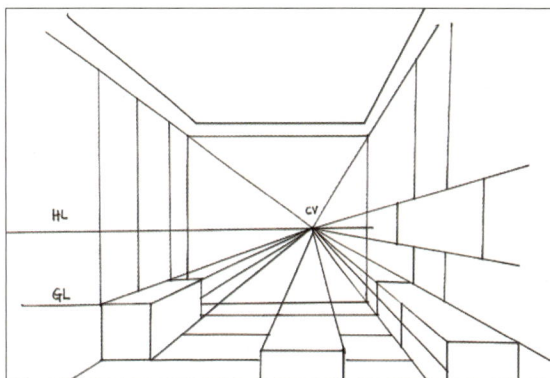

图2-18

● 注意

如图 2-19 所示，水平的线（红色标注的线）仍然保持水平；垂直的线（灰色标注的线）仍然保持垂直；与画面垂直的平行线（蓝色标注的线）交于消失点 CV。

如图 2-20 所示，一点透视的特点是较易表现，纵深感强。画面稳定、严肃。但其缺点是略显呆板，画面缺乏灵活变化。

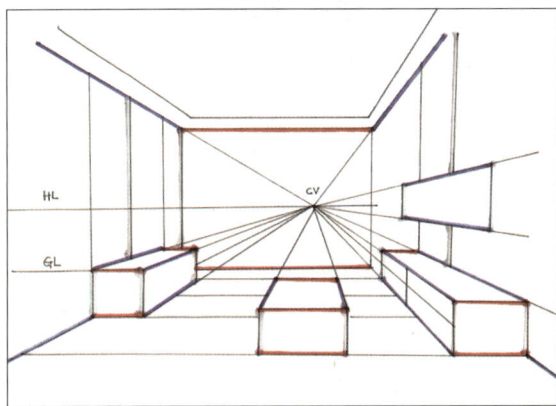

图2-19

奚思聪 绘

图2-20

2. 两点透视

两点透视也称为成角透视，方形室内空间中的所有画面与画面都成一定的角度，物体有一组垂直线与画面平行，其他两组线分别消失于视平线上的两个消失点上（见图2-20）。

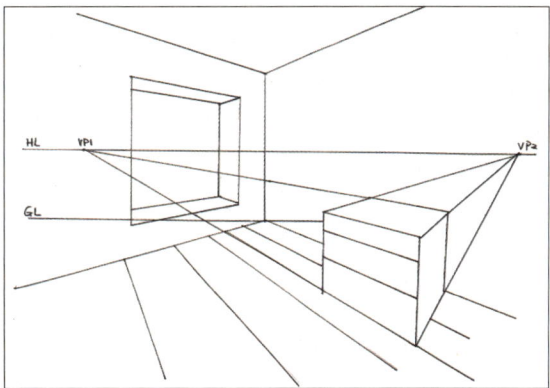

图2-21

025

● 注意

　　如图 **2-22** 所示，垂直于地面的线（灰色标注的线）仍然保持垂直，其他两组线（红色标注和蓝色标注的线）分别交于视平线上的两个消失点 VP1 和 VP2。

　　如图 **2-23** 所示，两点透视的特点是画面较自由、活泼，反映的空间近于人的真实感受。易表现体积感和明暗对比效果。缺点是如果两个消失点离得太近，会出现夹角，造成画面失真。

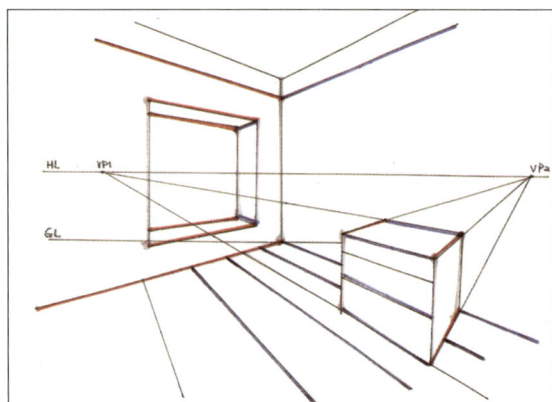

图2-22

贾文斌 绘

图2-23

3. 一点斜透视

　　一点斜透视是一种接近于一点透视的特殊类型，是介于一点透视和两点透视之间的一种透视画法。画面中有两个消失点，垂直于画面的线都交于画面中的一个消失点；水平方向的平行线在视平线上还有一个消失点，这个消失点在画面，甚至是画板外（见图**2-24**）。

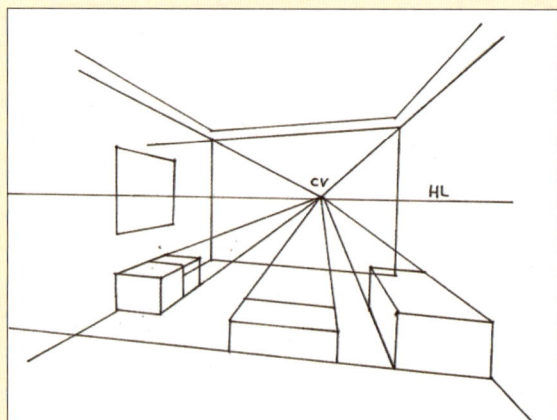

图2-24

如图 2-25 所示，垂直于地面的线（灰色标注的线）仍然保持垂直，垂直于画面的线（蓝色标注的线）交于画面内视平线上的消失点 CV，水平方向的平行线（红色标注的线）都交于画面外的另一个消失点。

如图 2-26 所示，一点斜透视的特点是视野宽广，表现范围大，善于表现较大的画面场景。

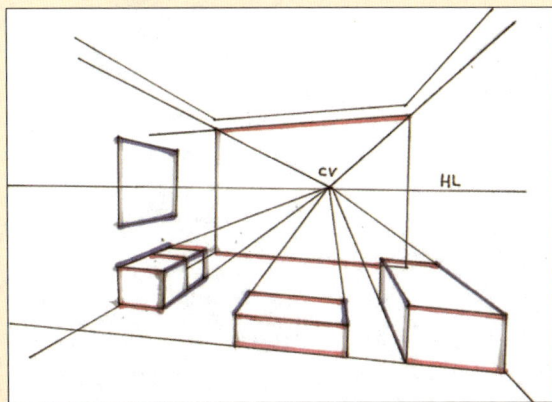

图2-25

贾文斌 绘

图2-26

节点练习

1. 熟悉三种透视基本规律以及表现的空间特点。
2. 在不同的透视空间中画形状各异的几何形体，要求几何形体的透视准确。

CHAPTER3

第三章

第三章

室内陈设
及配景表现

SHINEI CHENSHE
JI PEIJING BIAOXIAN

第一节

室内陈设及配景的表现手法

一、线条表现

在透视正确的前提下，仅用线条也可以表现物体的材质，运用线条粗细、曲直、虚实、刚柔等都能表现不同材质的质感（见图3-1）。如何在设计表现中运用好绘画材料，并准确地将其传达给受众是设计师造型能力的重要体现。而不同材质肌理的表现方法也有很大差异，我们可以通过对点、线、面的运用来表现各种各样的材质特征（见图3-2）。例如，玻璃和不锈钢材质可以用较为快速而刚直的线条来刻画；窗帘、地毯、沙发表面可以用弯曲和断断续续的线条来表现。

图3-1

图3-2

效果图中出现的物体必然会体现有明暗和色彩的变化。如果说线造型是通过线条表现画面中的物体的骨架，那么明暗和色彩就是物体的血肉。色彩表现主要是依靠明暗、色彩的变化来塑造形体，用色彩来塑造材质可以比单纯的用线条表现更直观（见图3-3）。它可以巧妙地增强画面层次效果，使其变化丰富，增强视觉冲击力。在平时的材质表现中，采用马克笔结合彩色铅笔居多。

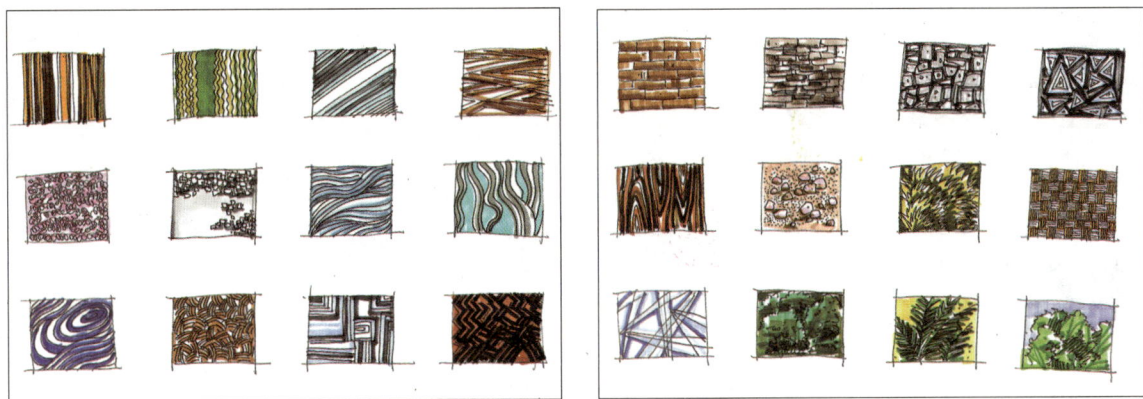

图3-3

表现图中的物体明暗可以分为高光、受光、背光、反光与投影，在用马克笔、彩色铅笔绘画时要注意这种光影层次的变化，分析各物体的明暗变化规律，把对明暗的表现同对体面的分析统一起来。

对质地的识别和感知能力，直接影响着创作表达，所以一方面要对室内设计中各种材料的质地特点有所了解；另一方面还要对不同材质如何运用不同的绘画材料产生所需的效果有所掌握。尤其是要灵活使用不同的工具材料组合（见图3-4)，达到理想的效果表现。

图3-4

第三章　室内陈设及配景表现

031

第二节

室内陈设表现

一、室内陈设表现综述

室内陈设、家具在室内效果图中具有很强的视觉吸引力和心理感染力,它可以体现出设计者与居住者的个人文化修养和精神内涵。在绘制时如何选择和布置陈设,如何处理好家具与空间之间的关系,是需要在实际练习中逐步体会和运用的。

在进行室内陈设表现的练习之前,我们先要进行一些几何形体着色的练习。室内陈设的形式有很多,但大多数我们都可以归纳成若干的几何形体或几何形体的组合。同时,通过前面关于透视的学习,可以在这个过程中体验从准确的透视表现到肌理表达的技巧。

1. 用线条快速勾勒出几何形轮廓,每一笔尽量要准确、果断,线与线的交界可以出头,不要空出,要求透视尽量准确。形体暗部用线条排列标注出来 (见图3-5)。

2. 用马克笔表现素描关系,增加形体的立体感,要分出"黑"、"白"、"灰"三大面。在运笔上要依据形体结构的转折方向,并要注意笔触的宽窄强弱变化 (见图3-6),巧妙的笔触可以增强画面的生动性、艺术性。

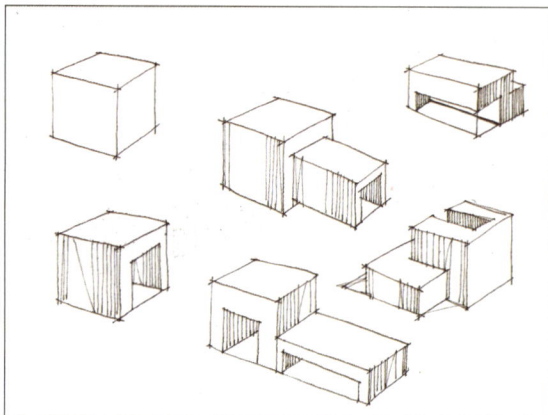

图3-5

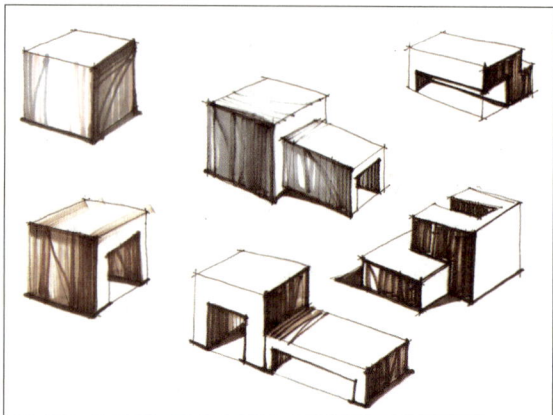

图3-6

单体室内陈设是室内空间的重要组成部分，也是手绘表现的重点和难点，单体室内家具与陈设绘制的好坏直接影响到室内空间表现的效果。

在进行室内陈设的表现时，必须严格地遵守表现对象的比例、尺寸和材质，不能将表现对象随意地夸张和变形。

● 注意

① 绘制时要仔细观察，并对形体进行分析和理解，掌握形体的结构关系，抓住形体的主要特征，准确而形象地将形体表现出来。

② 绘制时尽量不要使用太多辅助工具，徒手表现。多加训练眼与手的协调配合能力，锻炼敏锐的观察力和熟练的手绘技巧。

③ 将每种单体室内陈设反复练习，找出其中的规律。

1. 沙发画法

沙发是家具的重要物件，其形态和种类很多，材质也各不相同。沙发的表现可根据不同质地运用不同的画法。

沙|发|线|稿

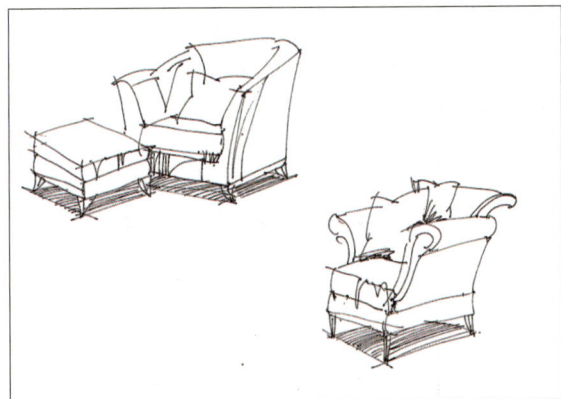

图3-8

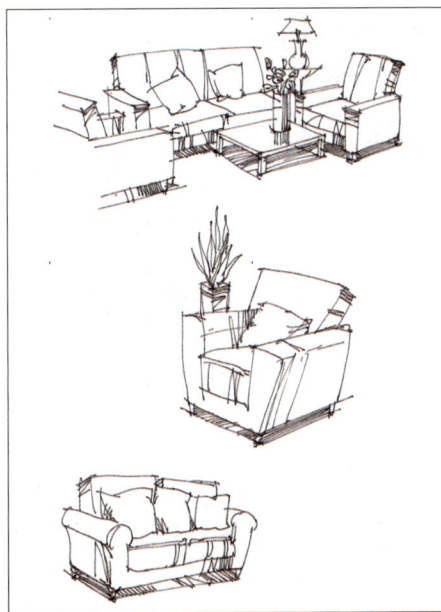

图3-7

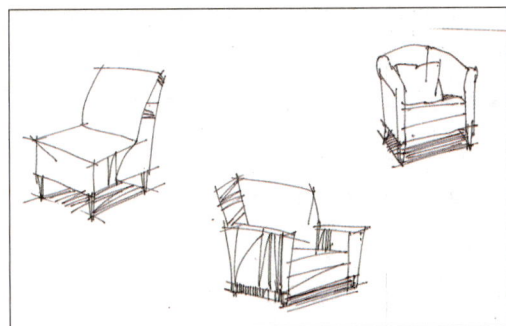

图3-9

沙发着色

奚思聪 绘

图3-10

奚思聪 绘

图3-11

奚思聪 绘

图3-12

● **注意**

① 根据固有色选择暗部的颜色，从明暗交界线往暗部排笔，不需要涂满，有时可以利用较浅的颜色或彩色铅笔上色，这样既透气又有变化，加强了光感和空间感。

② 还有一种画法是先上灰色马克笔，以表示出暗部和灰部，再画上固有色。但这种画法对固有色和灰色的融合与交织有一定的技法要求。

③ 通过增添细节（靠垫、把手等），营造出部件的视觉中心，强化空间关系。

2. 床体画法

　　卧床在卧室空间中是一个重要部件。在表现卧室的效果图中，卧床往往会被塑造成视觉中心（见图 3-13）。在床体的表现中应充分考虑床的结构、功能及造型的综合表现。描绘床面的花纹和有不同质感的物件都会相当具有表现力。

林天信 绘

图3-13

床|体|线|稿

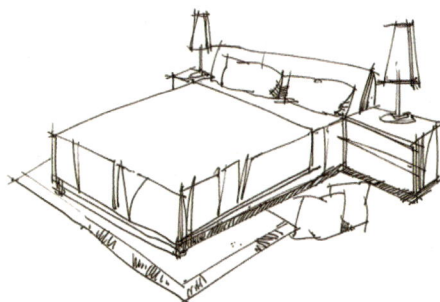

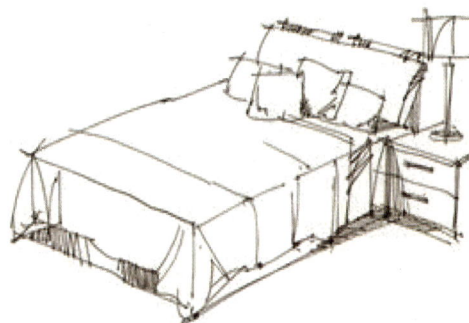

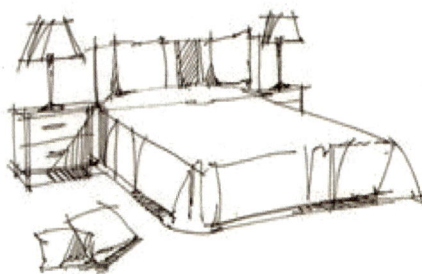

图3-14

图3-15

床|体|着|色

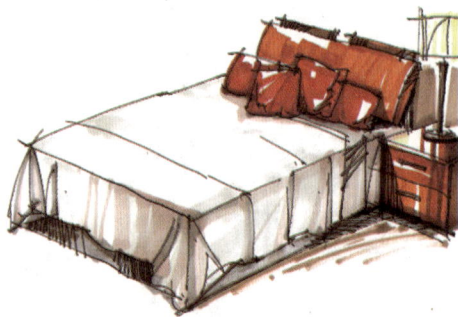

奚思聪 绘
图 3-16

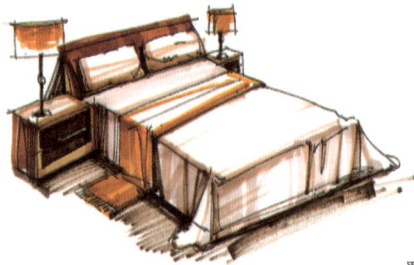
奚思聪 绘
图 3-17

3. 桌椅、茶几画法

　　桌椅、茶几是室内效果图中最常表现的陈设之一，形式多样，材料众多。表现时可以根据不同材质运用不同的笔法。

● **注意**

　　①桌椅和茶几的投影面积一般与其长宽一致，绘制时要注意颜色不可过暗，应有一定的色彩感。表现时注意略要笔触感，不是一片僵死的色块。

　　②在表现茶几光滑的表面或物体的倒影时，颜色的选取上要选用比物体固有色稍灰、稍暗的颜色。用笔上注意：方向上下垂直；笔触宽窄、疏密要有变化。

线|稿

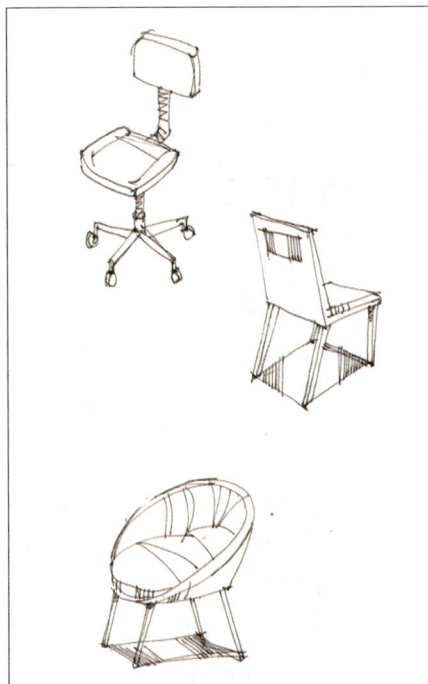

图 3-18

图 3-19

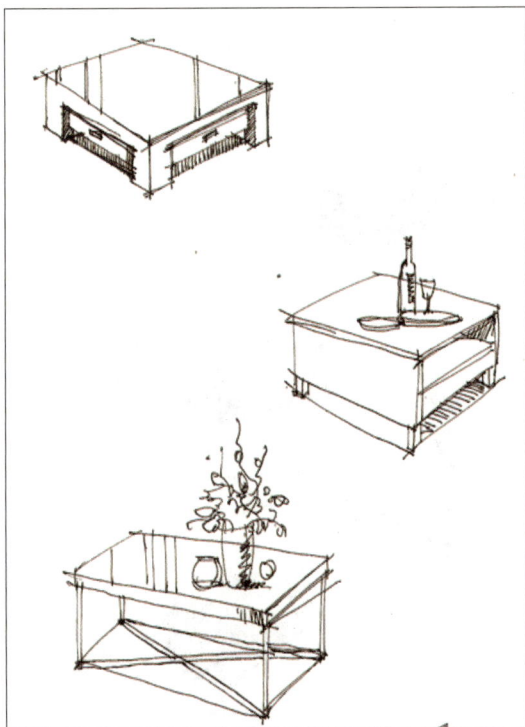

图 3-20

图 3-21

着|色

图3-22

图 3-23

图3-24

图3-25

4. 灯具画法

在室内环境中，灯具和光影的表现同样也非常重要。通过对灯具和光影的表现，可以增强空间感和体积感，营造出不同的氛围。在室内灯具的表现中，无须刻画得过于具体，只表现出造型、结构、色彩即可。

灯|具|线|稿

图 3-26

图 3-27

灯|具|着|色

奚思聪 绘

图 3-28

奚思聪 绘

图 3-29

三、组合陈设表现

组合陈设实质就是单体陈设组合而成的套系，是室内表现效果图的重点要素。往往在室内效果图中的陈设摆放都是以组合的形式出现（见图 3-30）。我们在绘制组合陈设时要特别注意它们之间的透视比例关系、组合关系、虚实处理。

林天信 绘

图3-30

● **注意**

① 注意陈设之间的透视与比例关系。

② 注意当下陈设款式与造型的更新。

③ 注意陈设的尺度关系。

④ 注意物体的明暗关系与质感表现。

⑤ 多收集室内陈设的资料，进行大量的临摹练习。

组|合|线|稿

图3-31

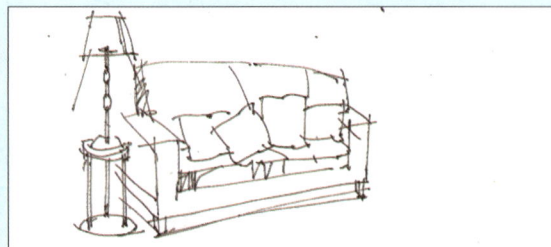

图3-32

图3-33

图3-34

图3-35

图3-36

图3-37

图3-38

图3-39

图3-40

图3-41

图3-42

奚思聪 绘

图3-43

图3-44

图3-45

图3-46

图3-47

图3-48

图3-49

图3-50

组合陈设表现步骤

步骤一：

用针管笔或签字笔勾勒线稿。如果感觉徒手勾勒难度较大，可以先用铅笔起稿，再用针管笔或签字笔复勾。要求透视准确，陈设形体、尺度得当。线条运用生动，表现出陈设的明暗、体积关系，适当地表现出陈设质感（见图3-51）。

图3-51

步骤二：

用灰色和深色马克笔表现出陈设暗部、阴影，注意阴影的颜色不可过深，为进一步的细化和附加留有余地（见图3-52）。

步骤三：

表现出陈设的基本色相，注意明暗体积关系，将明部与暗部区分开。尤其是在受光部分的表现上，注意留白与马克笔的笔触，块面与线条相结合（见图3-53）。

图3-52

图3-53

步骤四：

进行墙面与地面的表现，注意颜色的区别，将墙面与地面两个界面分开。在绘制有反光和倒影的桌面与台面时，注意马克笔的宽窄笔触和留白部分（见图3-54）。

步骤五：

调整细节部分，把握好整体色调，加入一些鲜艳色块，一般出现在小装饰物上，为画面增添色彩感，同时也起到点睛的作用（见图3-55）。

图3-54

图3-55

第三节

室内配景表现

一、植物配景表现

植物配景是室内设计手绘的重要组成部分。加入植物配景可以增加画面层次感，更好地烘托室内气氛。

1. 植物配景种类

（1）树状形态植物是配景中较为常见的，它往往由体形较大的室内观赏花木为主。主要出现在沙发、地柜、橱柜等陈设的两旁或单边，或者是墙体界面的连接处（墙角）。

（2）丛状形态植物主要出现在室内的窗台、地柜等陈设之上，体形较小。

（3）束状形态植物与前两种形态相比，表现要精致很多。它往往出现在茶几、玄关等容易形成视觉中心的空间位置。

植物线稿

图3-56

图3-57

图3-59

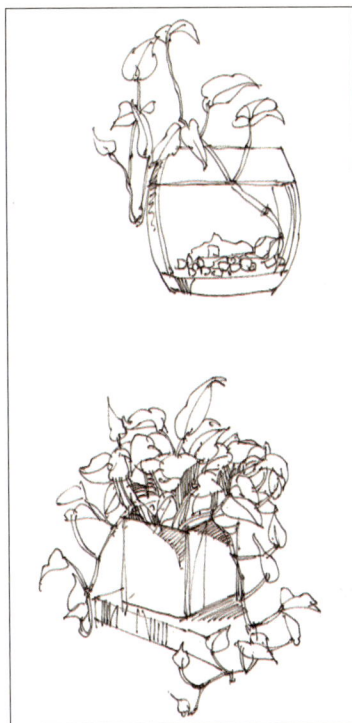

图3-58

图3-60

2. 植物绘制步骤

植物绘制的方法有很多，在室内设计手绘中，植物大多起调节画面气氛和构图的作用。首先，要确定好植物的受光面；其次，要注意不同植物枝叶的形态特征，处理好植物内外的疏密关系；最后，对各种摆放位置的植物从形态到色调进行调整，例如，在表现远近不同的植物时，近处植物的阴影画得深，越往远画得越浅，增强画面的纵深感。

● **注意**

增加写生速写练习，锻炼概括处理复杂形体的能力。

植物着色

图3-61

奚思聪 绘

图3-62

图3-63

奚思聪 绘

图3-64

奚思聪 绘

图3-65

二、室内装饰物件配景表现物件线稿

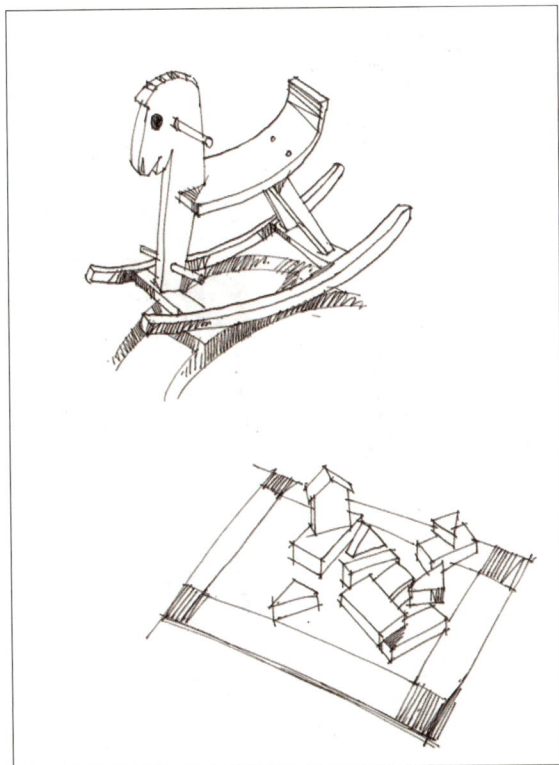

图3-66

图3-67

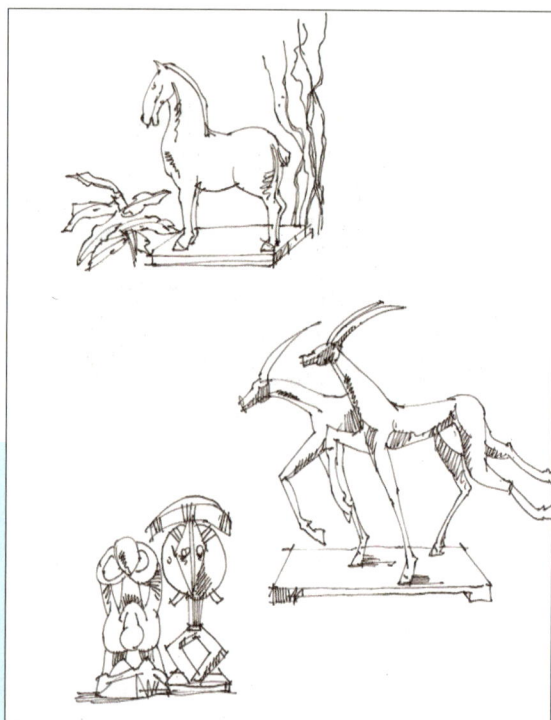

图3-68

图3-69

图3-70

图3-71

奚思聪 绘

奚思聪 绘

图3-72

奚思聪 绘

图3-74

奚思聪 绘

图3-73

CHAPTER4

第四章

第四章

室内手绘
效果图的基本表现技法

SHINEI SHOUHUI
XIAOGUOTU DE JIBEN BIAOXIAN JIFA

第一节

室内手绘效果图的表现类型

室内手绘效果图一般分为两种类型：一类是快速表现类型，主要是让客户在较短的时间内了解设计意图；另一类是深入表现类型，主要是让客户有更多的时间通过详细的图面表现来决定方案的选取。

一 室内手绘快速表现

快速表现图是特指马克笔技法、钢笔淡彩、彩色铅笔技法等准备过程相对简单、作图过程较快的一类表现手法。快速表现图是在有限的时间内或者说用最短的时间表现出预想的设计构思，便于尽早定下方案实行下面的设计任务。所以在表现时许多人会采用徒手勾线与马克笔相结合的方法。在快速表现图的绘制过程中要突出重点，尽量做到主次分明，强调主要的部分，概括次要的部分，并注重表现技法上的精练和准确。绘制快速表现图已成为设计师的一种基本功，需要设计师具备良好的尺度感，对空间布局效果有一定的预见性，同时还要熟悉室内装饰材料的不同特点。

客厅效果图绘制过程

步骤一：

使用铅笔和签字笔进行构图，确定整体透视关系，注意室内陈设和配景的透视及比例关系（见图4-1）。

图4-1

步骤二：

用签字笔或针管笔勾出线稿，注意画面黑、白、灰关系。之后进入上色阶段，上色时注意由浅入深，考虑画面整体色调。用中性灰色马克笔画出明暗关系（见图4-2）。

步骤三：

用不同明度、纯度的马克笔逐步上色。拉开画面的明暗、色彩关系，增强空间感（见图4-3)。

图4-2

图4-3

步骤四：

根据对象的固有色、材质等，表现物体的中间色及暗部。之后采用低明度的色彩再次表现物体暗部，尤其是注意物体的形体转折、材质、光影等几个方面（见图4-4）。

图4-4

奚思聪 绘

图4-5

步骤五：

对画面进行最终调整，注意主体突出，对细节进一步刻画。拉开虚实关系，适当加入冷暖对比（见图4-5)。

二、室内深入空间表现

室内深入的空间表现图的意义在于绘制出与现实设计更为接近的效果。要求在绘制室内空间及陈设时，达到精细、逼真的效果。现今，手绘深入表现类型的效果图基本被计算机制作的效果图逐步取代（见图4-6），不过这并不影响优秀的设计师运用手绘的方式将个性鲜明、规划周到的室内设计作品表现出来。

贾文斌 绘

图4-6

步骤一：

勾勒完备、较精细的线稿。可用签字笔或针管笔适当表现出物体的明暗关系，注意线条组织虚实结合（见图4-7）。

图4-7

步骤二：

进入上色阶段。先拉开黑、白、灰关系，注意笔触变化。上色时注意上色程序，先浅后深。确定空间中的大色块，注意色彩的对比与协调，控制画面的整体色调（见图4-8）。

图4-8

步骤三：

逐步进入深入表现。深化细节形象，让主要形体和效果更加突出。尤其注意马克笔的笔触和室内陈设的质感表现（见图4-9）。

图4-9

步骤四：

调整与深化。在步骤三的基础上不断完善和调整画面各部分的形态与色彩（见图 4-10）。注意在深入刻画时不可过度，尤其是马克笔的覆盖遍数不能多，尽量避免出现脏、乱、焦的感觉。

昊思聪 绘

图4-10

第二节

不同工具及技法的表现形式

一、马克笔技法

马克笔是效果图快速表现中的常用工具之一。马克笔用笔时可发挥它笔触宽窄不同的特点，通过笔触的排列和叠加产生丰富的效果。

● **注意**

① 上色步骤应注意"先浅后深"、"先远后近"、"先里后外"的原则。值得强调的是，作画的步骤不可能那么绝对化。

② 着色时无需将画面全部填满，有重点地局部上色。在重点部位着色，力求准确、恰当。

适当的留白也是值得关注的。

③ 注意马克笔用笔的快慢速度，产生不同的笔触感和虚实变化。

④ 上色时注意暖色与暖色的叠加，冷色与冷色的叠加，慎用冷色与暖色的相加。

马克笔步骤

步骤一：

勒勒线稿，注意空间和陈设的透视，线条要有虚实变化，表现出基本明暗关系（见图4-11）。

步骤二：

进入上色阶段。注意画面的基本色调，拉出黑、白、灰关系。注意空间感的表现与虚实关系（见图4-12）。

图4-11

图4-12

步骤三：

区分空间界面关系，控制画面整体色调。对于房屋空间内的近景部分重点表现，注意体积感和明暗关系（见图4-13）。

图4-13

图4-14

步骤四：

细化地面、装饰物配景等物体。对画面作最后的调整（见图4-14）。

水粉画也是一种表现力较强的传统技法。水粉色覆盖力强，不透明，绘画技巧性强。但由于材料的特点，需要用水来调和颜料，所以作图时间较长。

● 注意

① 水粉上色时，应按先浓后淡、先远后近、先湿后干、先薄后厚的顺序渐次深入。

② 水粉画以白色调整色调的深浅，在添加白粉色时注意度和量，加得过多容易造成画面粉气。所以要有分寸地使用白粉，在表现物体纯度较高的部分时，尽量少用或不用白粉，可把色彩画得厚些，使其有光感和厚重感。

③ 注意对于局部细节的深入刻画，使物体达到充分而逼真的效果。

水粉画步骤

步骤一：

用铅笔或签字笔勾勒线稿，要求透视准确，物体有虚实变化（见图 4-15）。

步骤二：

铺画面的大调子，先画深颜色、重颜色（包括物体投影、暗部，物体本身较深的固有色等），拉开明暗关系（见图 4-16）。

图4-15

图4-16

步骤三：

基本确定画面色调，对物体进行大面积的上色，注意色彩的运用，如色彩的对比关系（见图4-17）。

图4-17

步骤四：

深入刻画某些局部，注意画面的空间感以及物体的远近关系。表现物体明亮部时注意使用白粉的量（见图4-18）。

步骤五：

完善画面色调，注意装饰配景的表现（见图4-19）。

图4-18

图4-19

三、水彩画技法

水彩同样是传统的着色工具。水彩表现是很多世界著名设计大师热衷的表现方法。水彩具有明快、润泽、独一无二的渲染效果。水彩颜色鲜艳、透明，没有覆盖力。

● 注意

① 掌握对水分、笔触的运用。

② 利用纸的白色来表现明亮、爽快的画面效果，"留白"、"空白"、"飞白"都是不可忽视的手段。

③ 作画过程先浅后深、先明后暗。对于应当着重表现的部位，要力求一挥而就，不可反复涂抹。

水彩画步骤

步骤一：

采用铅笔起稿造型，直到造型、透视、结构表现得准确，再用签字笔或针管笔勾勒线稿（见图 4-20）。

图 4-20

步骤二：

对大块面积的地方上色，此时宜采用湿画法，水分运用较多。例如大面积的墙面、地面，主要陈设等，运用平涂的方式进行渲染。注意着色时不能破坏邻接物的形象，高光和亮面要预先留出（见图 4-21）。

图 4-21

步骤三：

逐步将画面明暗光影分开，表现物体暗部和颜色较深的地方，逐层叠加，使色彩渐浓，达到想要的纯度和深度。但叠加的次数不可过多（见图 4-22）。

步骤四：

添加细节部分，注意画面整体效果（见图 4-23）。

图4-22

奚思聪 绘

图4-23

四、混合技法

混合技法也就是综合表现技法。在绘制表现图过程中，以上所介绍的技法既可以单独使用，也可以混合起来使用，以取得最佳的表现效果。

混合技法步骤

步骤一：

勾勒线稿，注意空间的主要结构形体，适当添加物体的纹理、阴影等（见图 4-24）。

图 4-24

步骤二：

表现出物体的空间感与体积感，用中灰色彩画出暗部、阴影（见图4-25）。

图 4-25

步骤三：

画出整体空间的几种主要色彩，确定色调关系。着色时注意用笔走向、笔触宽窄，注意光感效果（见图4-26）。

图 4-26

图 4-27

步骤四：

逐步画出其他辅色、阴影和暗部，添加细节，加入其他工具表现。此时，彩色铅笔和色粉笔对画面起着不可或缺的作用，可运用彩铅或色粉笔统一画面整体色调，刻画一些特殊肌理（见图4-27）。

图 4-28

步骤五：

调整全局，突出主要形体（见图4-28）。

CHAPTER5

第五章

第五章

室内手绘
效果图的表现实例

SHINEI SHOUHUI
XIAOGUOTU DE BIAOXIAN SHILI

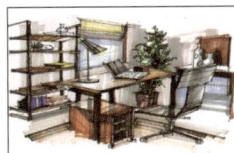

一、室内手绘效果图线稿

线稿是手绘效果图的首要阶段，是效果图的骨架。完备、准确地绘制线稿是完成一幅优秀效果图的前提条件。现列举一些效果图线稿供学习者参考。

图5-1

贾文斌 绘

图5-2

贾文斌 绘

图5-3

奚思聪 绘

图5-4

奚思聪 绘

图5-5

图5-6

图5-7

图5-8

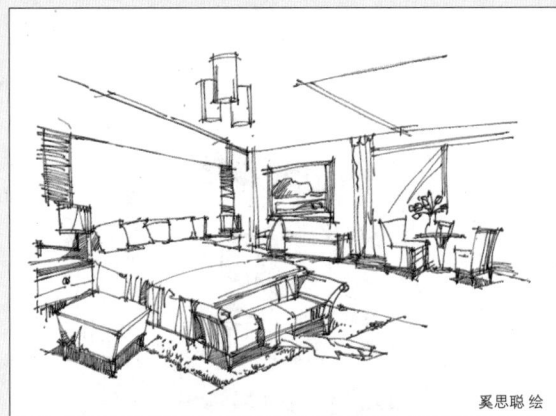
图5-9

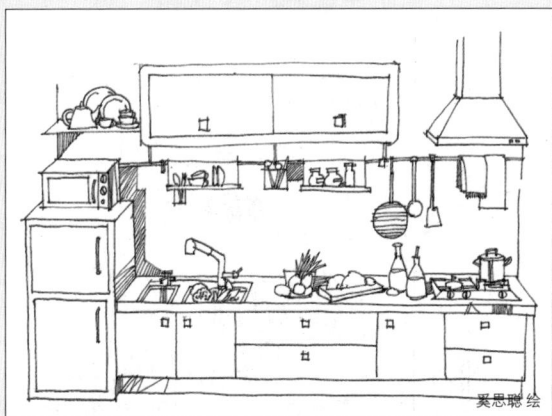
图5-10

图5-11

图5-12

图5-13

图5-14

图5-15

图5-16

图5-17

图5-18

图5-19

图5-20

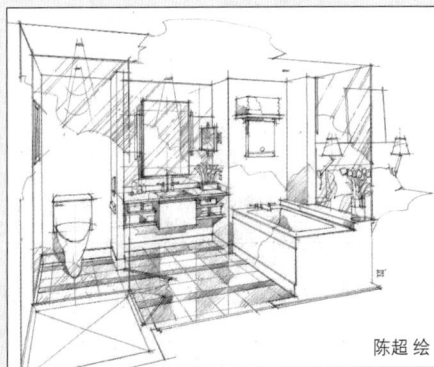

图5-21

图5-22

陈超 绘

图5-23

陈超 绘

图5-24

陈超 绘

图5-25

陈超 绘

二、室内设计效果图表现实例

实例一：室内局部空间效果表现（奚思聪 绘）

图5-26 步骤一

图5-27 步骤二

图5-28 步骤三

图5-29 步骤四

图5-30 步骤五

实例二：一点透视室内整体空间效果表现（奚思聪 绘）

图5-31 步骤一

图5-32 步骤二

图5-33 步骤三

图5-34 步骤四

图5-35 步骤五

实例三：两点透视室内整体空间效果表现（奚思聪 绘）

图5-36 步骤一

图5-37 步骤二

图5-38 步骤三

图5-39 步骤四

图5-40 步骤五

CHAPTER6

第六章

第六章

作品欣赏

ZUOPIN XINSHANG

图6-1

图6-2

图6-3

图6-4

图6-5

奚思聪 绘

图6-6

图6-7

图6-8

图6-9

奚思聪 绘

图6-10

图6-11

图6-12

图6-13

图6-14

图6-15

图6-16

图6-17

图6-18

图6-19

罗政军 绘

图6-20

罗政军 绘

图6-21

罗政军 绘

图6-22

奚思聪 绘

图6-23

图6-24

图6-25

图6-26

奚思聪 绘

图6-27

奚思聪 绘

图6-28

图6-29

奚思聪 绘

图6-30

奚思聪 绘

图6-31

图6-32

图6-33

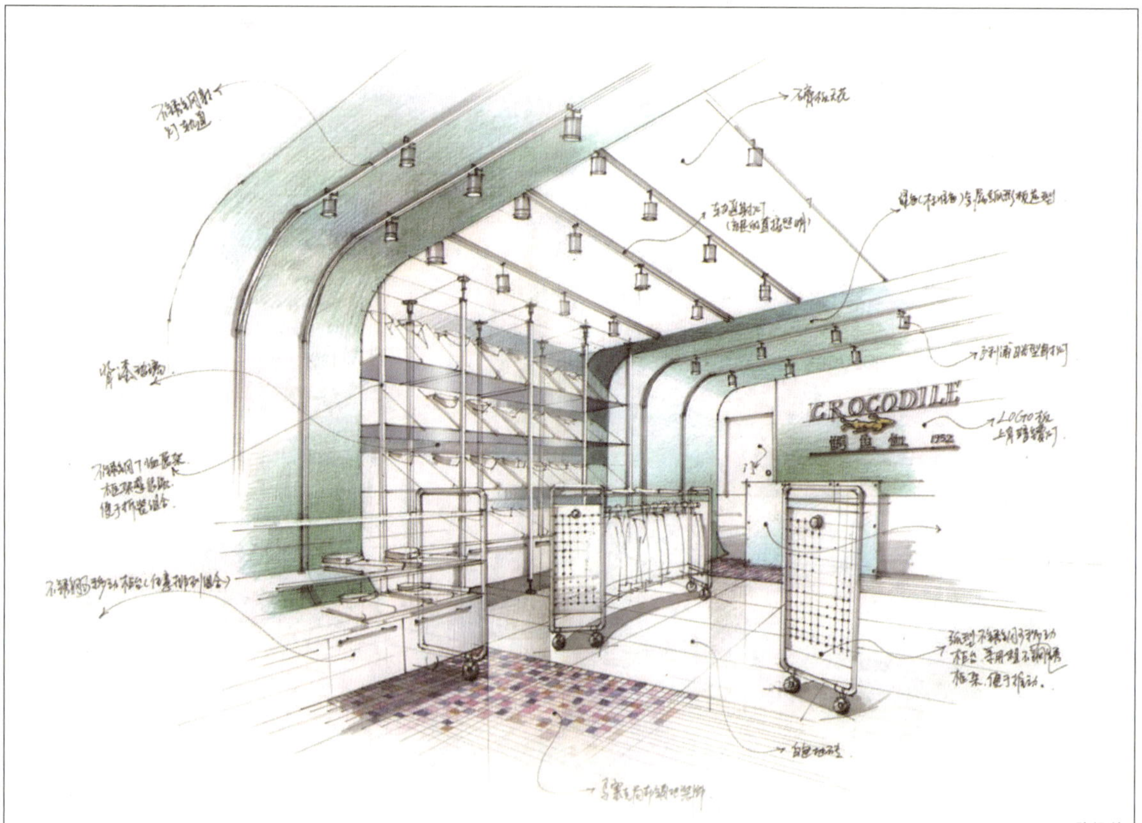

陈超 绘

图6-34

罗政军 绘

图6-35

罗政军 绘

图6-36

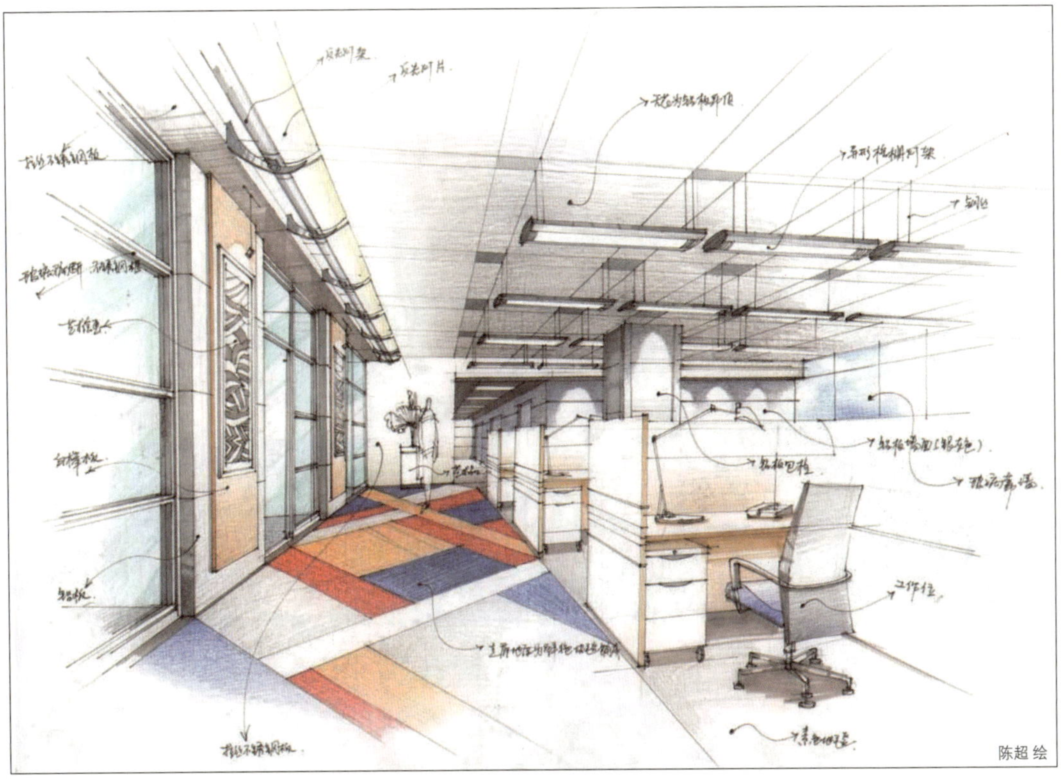

陈超 绘

图6-37

图6-38

图6-39

炳泰玻璃

木饰板（深色）

玻璃马赛克

淡蓝色灯光

林天信 绘

图6-40

林天信 绘

图6-41

林天信 绘

图6-42

林天信 绘

图6-43

林天信 绘

图6-44

林天信 绘

图6-45

林天信 绘

图6-46

林天信 绘

图6-47

贾文斌 绘

图6-48

图6-49

贾文斌 绘

图6-50

贾文斌 绘

图6-51

图6-52

贾文斌 绘

图6-53

图6-54

图6-55

图6-56

图6-57

101

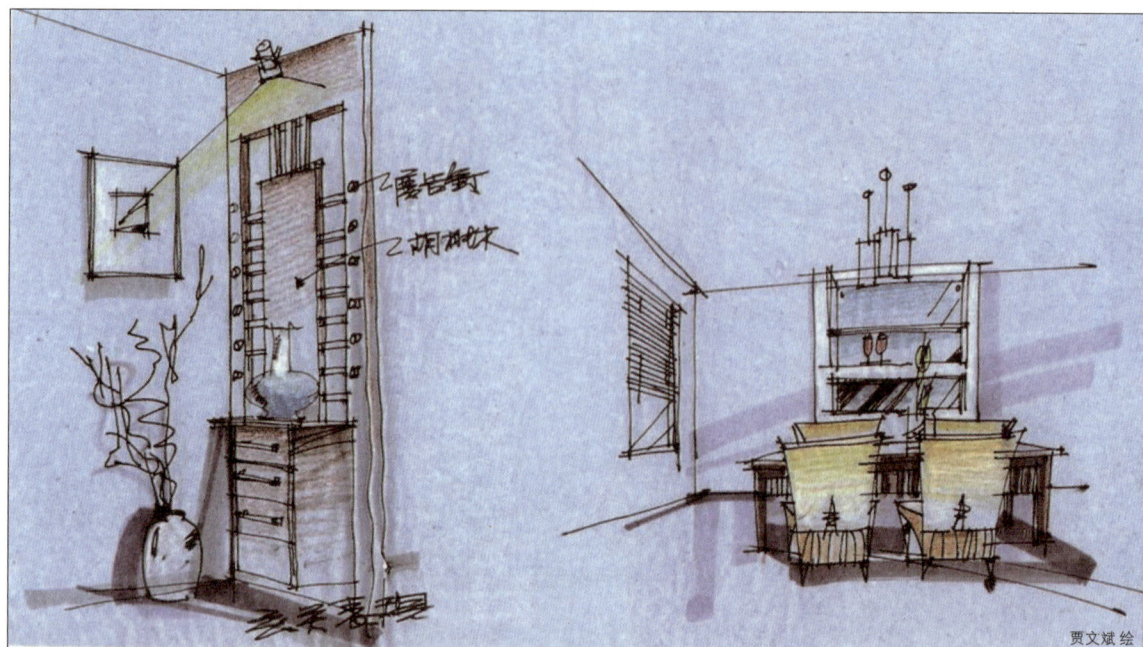

图6-58

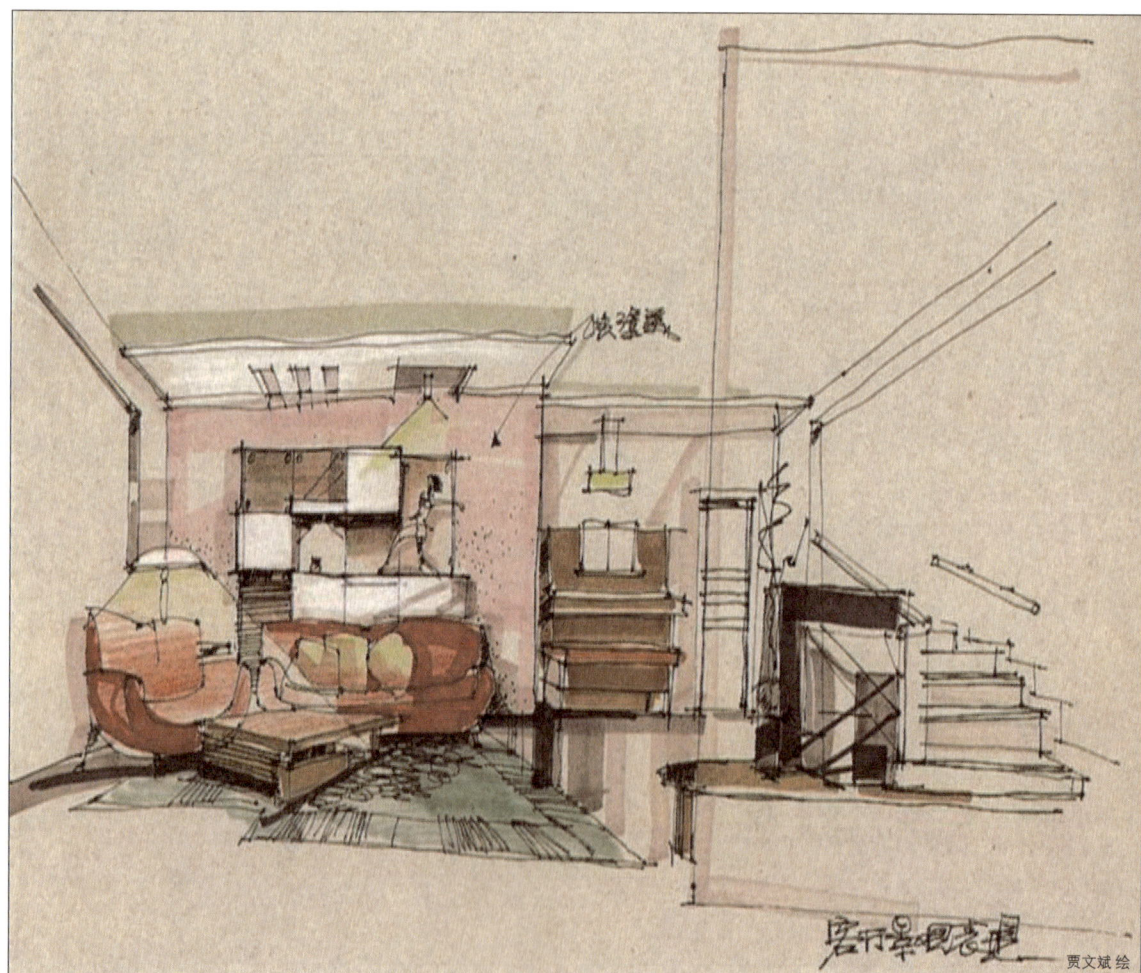

图6-59

贾文斌 绘

图6-60

贾文斌 绘

图6-61

图6-62

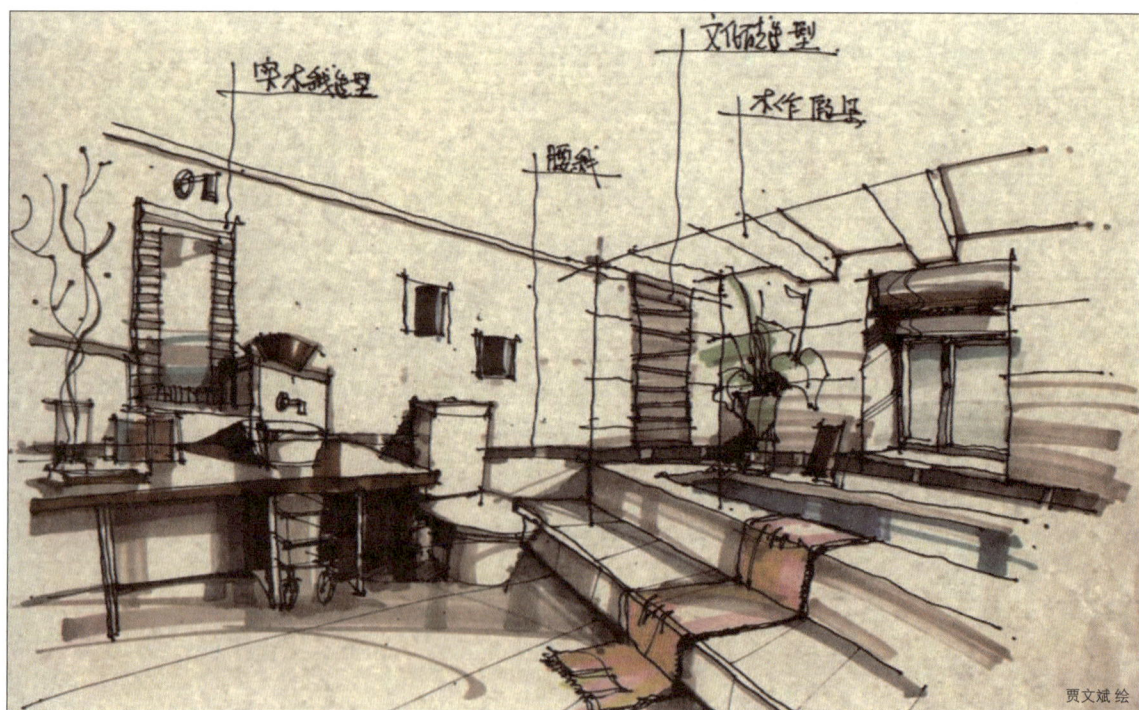

图6-63

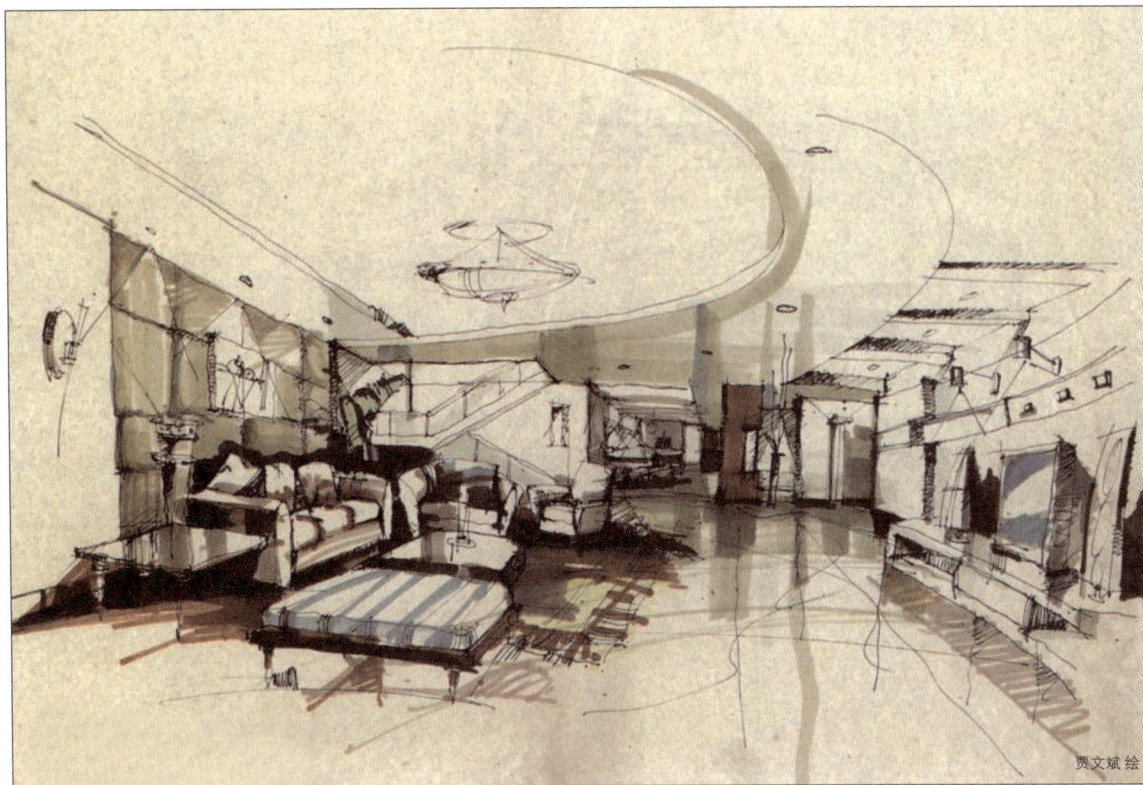
图6-64

图6-65

贾文斌 绘

图6-66

贾文斌 绘

图6-67

贾文斌 绘

图6-68

陈红卫 绘

图6-69

陈红卫 绘

图6-70

陈红卫 绘

图6-71

陈红卫 绘

图6-72

平面配置图   1:50

陈红卫 绘

图6-73

陈红卫 绘

图6-74

陈红卫 绘

图6-75

陈红卫 绘

图6-76

陈红卫 绘

图6-77

图6-78

陈红卫 绘

图6-79

陈红卫 绘

图6-80

陈红卫 绘

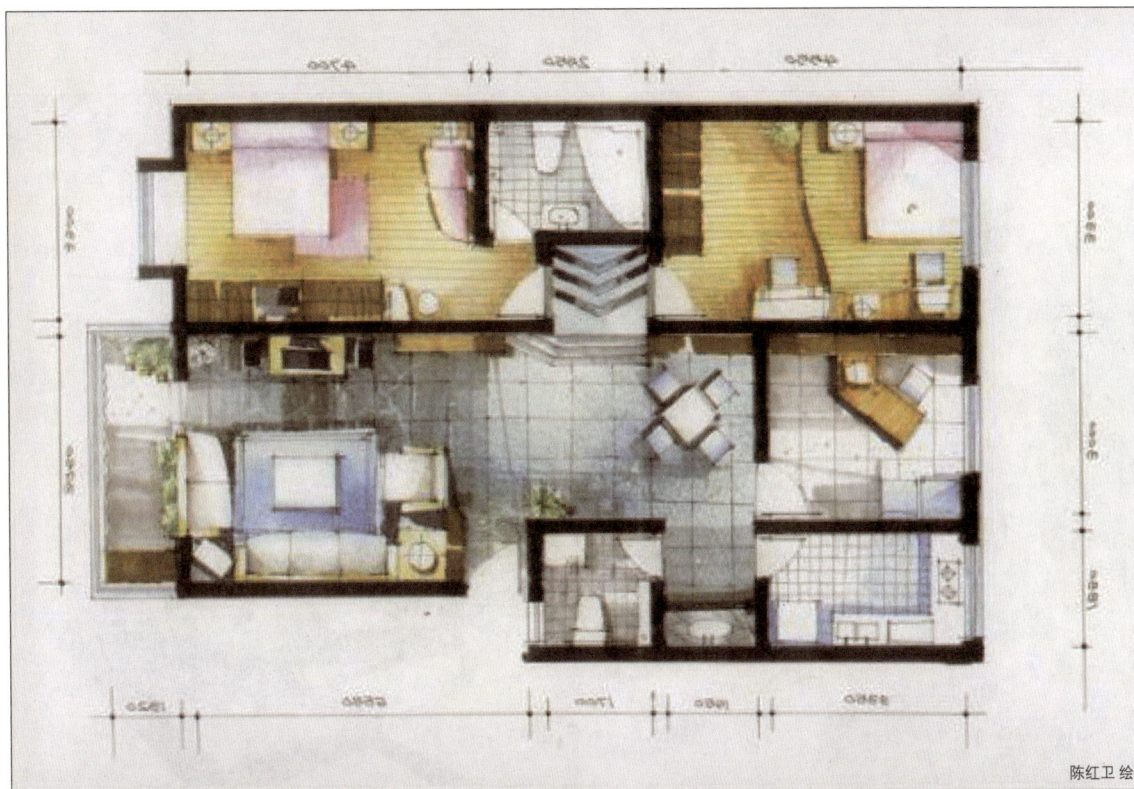

图6-81

陈红卫 绘

陈红卫 绘

图6-82

陈红卫 绘

图6-83

图6-84

陈红卫 绘

图6-85

陈红卫 绘

参考文献

【1】陈易．室内设计原理 [M]．北京：中国建筑工业出版社，2006．

【2】许亮，董万里．室内环境设计 [M]．重庆：重庆大学出版社，2003．

【3】文健．手绘效果图表现技法 [M]．北京：北京交通大学出版社，2005．

【4】赵国斌，等．室内设计手绘效果图 [M]．沈阳：辽宁美术出版社，2005．

【5】赵国斌．手绘效果图表现技法·室内设计 [M]．福州：福建美术出版社，2006．

【6】文健．手绘效果图快速表现技法 [M]．北京：清华大学出版社，2008．

【7】俞雄伟．室内效果图表现技法 [M]．杭州：中国美术学院出版社，1995．

【8】姜立善，李梅红．室内设计手绘表现技法 [M]．北京：中国水利水电出版社，2007．

【9】刘宇．室内外手绘效果图 [M]．沈阳：辽宁美术出版社，2008．

【10】梁勇，吕微露．住宅室内设计手绘攻略：设计思维与技法表现的互动 [M]．北京：
机械工业出版社，2011．